U0742769

湛庐

CHEERS

与最聪明的人共同进化

HERE COMES EVERYBODY

How to Master
Your Monkey Mind

战胜
焦虑的
极简
训练法

何十一 译

[英]唐·麦克弗森
Don MacPherson
著

中国纺织出版社有限公司

你了解如何轻松化解焦虑吗？

- 神经解剖学家吉尔·泰勒 37 岁时患中风，在科学精神的支撑下，她与母亲合著了《左脑中风，右脑开悟》一书，记录下自己大脑停摆的全过程，这是真的吗（ ）

  A. 真

  B. 假

- 如果你希望在新的一年里减肥成功，那你最好不要一下就戒掉自己想吃食物，你应该少吃一点儿慢慢来，这是对的吗（ ）

  A. 对

  B. 错

- 当你因悬而未决的难题而无法正常入睡时，以下哪种方法更能帮到你（ ）

  A. 不勉强自己，顺其自然

  B. 用禅式呼吸法保持平静

  C. 用好莱坞电影法让自己放轻松

  D. 以上全对

扫描左侧二维码查看本书更多测试题

献给

简、凯蒂和汉娜

敞开你的心灵，
请由我为你调音。
我会教你捋顺自己的心绪，
管理自己的心猿。

赞　誉

　　如今人们在心理健康上投入的时间是相当不够的。人人都知道身体健康的重要性，知道要去操场或体育馆锻炼身体，但其实心理健康也很重要。麦克弗森做得非常棒，他能给你提供很多可以直接上手的方法，让你训练自己的大脑。

乔治·福特（George Ford）

英国橄榄球球星

　　麦克弗森对我影响巨大，多亏了他，我才能在比赛中保持镇定，取得良好的成绩。我非常感谢麦克弗森，感谢他为我做的一切。

安东尼·沃森（Anthony Watson）

英国橄榄球球星

第一次见麦克弗森的时候我还没退役，那大概是1997年，我们谈了很多运动中的心态问题。我对这方面很感兴趣，在谈话中立马知道他也是很懂的。麦克弗森教会我在体育竞技中使用的一些心态管理方法，放到生活中的其他领域也同样适用。我很期待看到他是怎样用这些方法帮助这一代年轻人的。

达蒙·希尔（Damon Hill）
1996 年世界一级方程式锦标赛总冠军

很多运动员到了事业后期都会遇到压力、伤病、期望过高、不确定因素增加等问题，于是我决定学一些心态管理的技巧。我发现麦克弗森教授的方法真的很管用，他很了解职业运动员的心态。对我们可能踩的"雷"或者容易误入的歧途，他都有所了解，且知道该如何防范。

帕特·卡什（Pat Cash）
1987 年温布尔登网球锦标赛冠军

我对麦克弗森原本是抱有偏见的，这一点我不得不承认。在我们的第一次谈话中，麦克弗森向我介绍了他的经历和职业。他说了一大通，旁人听起来可能会觉得很厉害，但我向来不喜欢那些花架子。于是我说："厉害归厉害，但我还是不觉得心理教练有什么用，除非你能证明我错了。"现在我得收回我的话。事实证明，他的每一条音频、每一次视频会议和每一次面询都是有用的。我现在的心态比以前好多了。麦克弗森驯服了我的"心猿"，让我的事业和生活都达到了此前我不敢想的高度。用他的话说，真是好极了。

科科·范德维格（Coco Vandeweghe）

2018 年美国网球大满贯赛女双冠军、

两次入围大满贯赛女单四强

　　在我的赛车生涯中，和麦克弗森合作是我在赛道之外作出的最好的决定之一。赛车运动在很大程度上是一场心理游戏，它不仅考验体力，还考验勇气。在争分夺秒与竞争对手竞速的过程中，赛车手们要克服心理上的障碍，学会与压力共存。麦克弗森教授的方法能够帮助我区分不同的压力，让我能够在赛道上专注于发挥自己的最佳水平，同时发挥赛车的最佳性能。在他的帮助下，我能够专注于当下，并想象出我无比渴望的成功场景。在过去的几年里，不管是参加赛车比赛还是在日常生活中，麦克弗森教给我的保持头脑清醒的方法都一直陪伴着我。说真心话，如果没有他的帮助，我不会有今天的成就。

亚历山大·罗西（Alexander Rossi）

美国印地车赛车手、印地车赛 500 强冠军

我是在威廉姆斯车队工作期间开始和麦克弗森合作的。那时我正面临着很多挑战，比赛的压力也很大。在与麦克弗森的合作中，他帮助我对付那只"心猿"，使我专注于赛车的过程。如今，我对那些练习冥想、呼吸、视觉化的课程依然记忆犹新，它们都成了我的财富。我相信这些技巧不仅会在比赛中用到，在日常生活中也同样很有用。希望这本书能够帮助更多的人！

中岛一贵

世界一级方程式锦标赛赛车手、勒芒 24 小时耐力赛三届冠军

1987 年，我进入了一种很好的精神状态，这使我的驾驶表现达到了前所未有的水平。从那时开始，我逐渐意识到心态对于改造我们现实的深刻影响。于是从那一刻起，我开始思考如何改进我的心态，以增加方向盘之外的助力。能够认识麦克弗森，我感到非常幸运。

戴维·布拉汉姆（David Brabham）

世界一级方程式锦标赛赛车手、2009 年勒芒 24 小时耐力赛冠军

　　简单来说，麦克弗森知道什么有效，什么没有效，因此你可以信赖他的建议，许多成功的世界级运动员都是这么做的。多年来，我和麦克弗森的合作一直都非常愉快。

克里·斯帕克曼（Kerry Spackman）

著名认知神经科学家

　　麦克弗森从一开始就明白，我要找的心理教练，要能让我的球员有更好的表现，而不是让他们掌握更多的心理学知识。球员们都很喜欢麦克弗森的教授方式，他能把大脑的工作机制讲得简单易懂。40个人有40种不同的学习和看待事物的方式，能让他们都满意实属不易。我真希望能早一点认识麦克弗森，因为他能向我传授有用的方法，帮助我享受生活，成为更好的自己。

迈克·福特（Mike Ford）

莱斯特老虎队教练、

英格兰和爱尔兰橄榄球联盟前教练

心情躁动也好，忧虑袭来也罢，它们都不过是大海的波浪，你只需御波而行。人生是一场舞蹈，不是摔跤比赛。

——唐·麦克弗森

欢迎踏上告别焦虑的旅程，麦克弗森为你准备了 10 个简单、有效的方法。在启程之前，你可以先收听如下音频，这是麦克弗森为你精心准备的见面礼，它经过了几十位世界级体育明星和成百上千位来访者的检验，相信一定也能为你带来助益。

你可以在阅读本书之前聆听它，也可以在学会书中的 10 个方法后的每一天，随时随地打开它，它将为你带来平静、放松、信心和勇气。

扫描左侧二维码
获取"焦虑克星"音频，
和麦克弗森一起出发吧！

增强信心，重新掌控你的生活

你是否总是忧心忡忡，担心被生活的难题压垮？你是否常常被焦虑搅得心乱如麻，希望用更自信、更明确的态度应对生活的挑战？你是否担心会在工作或人际关系上脱离正轨，甚至整个人生都驶向歧途？你是否入睡困难，有暴食或厌食的倾向？你有没有问过自己，为什么周围的朋友、同事或是聚光灯下的名人，看起来总是从容不迫，而自己却不能？你想不想停止不必要的焦虑？

这本书将改变你的人生。

我在情绪管理和心理健康领域有超过 25 年的学习和工作经历。在本书中，我将运用我的研究成果和实践经历帮助你调整情绪，从而改变你的人生。

我的理论来源比较庞杂，从神经科学、临床催眠到佛教教义，我都有涉猎。基于自身的实践，我对这些书本知识进行了融合与扬弃，发展出了一套颠覆性的心理训练法，能够帮助你重拾对生活的掌控。我担任过许多知名客户和公众人士的心理教练，本书提到的理念、使用的技巧都经过了工作中实践的检验。即便当时条件严苛，有时甚至危险重重，这些方法也依然经受住了考验，发挥了效用。希望本书能为你提供切实可行的方法，帮助你应对焦虑、睡眠问题和饮食问题，解除信心缺乏、人际关系等方面的困扰。

这套方法能帮助你：

- 改变呼吸方式，以镇定且自信的心态应对焦虑。
- 用言语和积极的心态来管理躁动的内心。
- 运用持续改进法（Kaizen），一步一步改善人生。

- 跟随网球世界冠军，探索在数百万人的关注下取得胜利的方法，学习如何通过可视化的方式实现自己的目标。
- 跟随世界领先的心脏外科医生，掌握在生死较量中保持冷静的绝招，学习如何在压力之下建立信心，保持优秀的水准。
- 改变心态，摒弃匆忙和慌乱的生活，代之以宁静与平和。
- 树立自信心，激发脑力值，增强适应力和恢复能力。
- 通过大脑调控，增强免疫力。
- 改善睡眠，一觉醒来精神焕发，做好准备迎接新的挑战！

20多年前，我头一次在书中读到"心猿"这个概念，自那以后便从未停止对它的研究。我曾把这个概念带入日常的工作实践中，用现代神经科学的知识对它加以改造。不过，不管是神经科学还是心猿，这些概念都过于学术，一般人很难理解。尤其是那些正面临着心理问题的人，他们更没有精力去厘清其中的头绪。所以我一直努力把这些概念变得更简单、更易懂，从而触及更多的受众。

我自创的心理训练法经受住了国际体育明星、其他各界名人和数百名普通人的检验。不管你正遭遇现实中的不顺还是心理上的挫折，这套方法都能有效地带你走出困境。要想获得人生的成功，首先要有一个成熟的内心。本书将教你学会这套心理训练法，让你掌控自己的人生，成为自己的心理教练。

我为每一个方法都附上了一个真实案例，你可以从中看出这些方法是如何改变人们的生活的。

我曾经读过很多心理学方面的书，但不瞒你说，大多数书我都读不到最后。我想要寻求的是建议和帮助，却发现这些书满篇都是科学术语。我不想让你再受同样的罪，所以就由我来挑起重担，替你拾取古籍经典、催眠术、神经科学、心理学中有用的内容，从中找到掌控人生的方法。不管你面临的困难有多大，不管你的思绪有多繁杂，本书都能武装你的精神，让你从种种烦恼的手下败将，变成勇往直前的无畏勇士。

目　录

方法 10

第三章
成为掌控生活的勇士 213

HOW TO MASTER YOUR MONKEY MIND

第一章

当我们的内心越来越杂乱与躁动

与压力、疲惫、焦虑和意外相伴时

作为一个即将指导你的大脑如何运作的人，为了稍显礼貌，我得先介绍一下我自己。不如就讲讲我是怎样一路走来，最终找到这份人生使命的吧。

有人说，校园时光是每个人最美好的时光。我不理解，我的校园时光可比美好差远了。我跟学校怎么都不对付，学不好，也不愿意学。每次考试我都倍感压力，当然了，也怪我从来没有好好复习过。更丢人的是，我父母恰好都属于勤奋上进的那类人，他们给了我最好的教育资源，我却没有抓住。

我的母亲是德比郡人，她头脑聪明，当过文法学校的老师，后来做了治安官。我父亲是一名医生，重视家庭责任，给了家人足够的陪伴。20 世纪 60 年代，他原本可以升任诊所的高级医生，却选择去曼彻斯特一个人口过剩的郊区哈特斯利（Hattersley）担任全科医生。

那个时候，城里到处都在拆除私搭乱建的老旧房屋，准备建造高楼大厦。哈特斯利就属于最不好拆的一片。那里住着 2 000 多人，人人都在温饱线上挣扎。我父亲是那里唯一的医生，他每天加班加点地工作，总想多去一户人家，多治一个病人，多出一份力。为了缩短通勤距离，他干脆在那里找了个房子住下。

那时的我虽然少不更事，但依然能感受到父亲的伟大。他放弃了舒适而优渥的生活，选择了一条更为艰辛的路。多年以后，当父亲的灵车经过哈特斯利，驶往教堂时，街上挤满了送葬的人。即便父亲已经听不到他们的掌声了，我也知道，这是对他最好的回报。这一幕让我深受触动，连灵魂都为之共鸣。

我出生于 1949 年，那时正是战后物资紧缺、需要定

量配给的时期。当我还是个孩子时，周围的大人已经饱受
战乱之苦。他们几乎都被战争夺去过家人，都有难以言说
的苦痛。所以，像我这样一个小孩，一旦遇到点儿忧愁，
人们就会说："你有什么好发愁的？既不用担心一觉醒来
房子是否还在，也不用担心父亲会不会一去不返。"好像
生活对我已经足够仁慈了。

整个社会的愁苦好像已经饱和了，没有耐心去包容孩
子的担忧和焦虑。不耐烦，就是这个词，可以概括那时大
多数人对年轻人的态度。

我父母没有被这种不耐烦的情绪感染。他们教导我要
尊重每一个人，不管面对的是清洁工还是百万富翁。他们
待人和善友好，颇有豁达、通透的北方人气质。他们对所
有人都一视同仁，不管遇到谁，都会停下来聊几句。这种
待人接物的方式也塑造了我的世界观。

到了上中学的年纪，我勉强考入了斯托克波特文法学
校。那时候我才发现，求学就是一场硬仗，根本糊弄不
了。我在班上的成绩很糟，怎么都学不明白。而我又好像
脑后有块反骨，与父母的循规蹈矩大相径庭。这块反骨没

少给我惹事：我留堂的次数多得快能上世界纪录了；我不愿意戴学校统一的帽子；我模仿老师的声音，把同学们逗得哈哈直笑。总之，我倒没闯什么大祸，就是把自己弄得像个小丑。一开始，老师给我写的评语是"期待进步"，后来变成了"亟待改正"，到最后一学年，他们没写"无可救药"都算好的了。

我几乎没有一科是不挂的，感觉让父母失望了。学校不用说，想必早就放弃我了。不过，或许正因为成绩不好，我才走上了，或者说不得不走上了一条更富创新性和创业精神的道路。可这条路究竟该怎么走，我到底想成为怎样的人，那时的我依旧毫无头绪。

那时，很多大公司都会与当地的学校合作，寻找不继续升学的孩子去当学徒。有一天，我毫无准备地被叫到校长办公室，一位来自美孚石油公司的工作人员跟我聊了一会儿。好在他喜欢我，给了我一个工作机会。就这样，我逃离了学校这座"监狱"，没有挖地道，而是大摇大摆地从正门走出去的。正应了英国作家约翰·托尔金（John Tolkien）的那句话："并非所有流浪者都已迷失。"

　　那是 1967 年 4 月，当时电脑尚未普及，我的工作是整理文件，一年的收入大概是 700 英镑。接受了简单的培训后，我就投入了工作，并且很快爱上了它。我终于不用待在学校了，这就是头一桩乐事。那时，配给制时代已经过去，我 17 岁，有一份工作、一辆车，我的逍遥人生才刚刚开始。那个年代的曼彻斯特简直热闹非凡：曼联在足球世界独领风骚，隔三岔五就有知名乐队的演出，夜总会里总能碰到社会名流，街头满是形形色色有趣的人，那里简直就是人间天堂。

　　每当听到普洛柯哈伦（Procol Harum）的那首《苍白的浅影》（*A Whiter Shade of Pale*），我就仿佛看见了那时的自己：意气风发，穿着蓝套装、白衬衫、黑鞋子去美孚石油公司上班。我逃出了学校，我自由了，每天经过磁石咖啡馆的时候，终于不再透过油腻腻的窗户好奇里面是什么样了。我可以正大光明地进去，点一份鸡蛋、薯条和豆子。

　　我努力工作，不久得到了晋升，现在轮到别人替我整理文档了。即便这样，我还是不满意。将近一年后，我坐不住了，我渴望见到更大的世界，想当销售代表，开着车在路上奔驰。不久，邓禄普（Dunlop）公司空出一个职位，这可是家大公司，于是我跳槽了。邓禄普在曼彻斯特的郊区阿德维克有一个很大的销售站。我的工作就是电话销售，虽然没法开车上路，但这个职位有清晰的发展路径，我感觉动力十足。

在阿德维克待了几个月后，我被调到了小城巴斯。巴斯的空气很好，但是这里的人喜欢喝热啤酒，因为温度高，啤酒的气都快跑没了。他们似乎很喜欢我的北方口音，而我呢，喜欢他们悠闲的生活态度。我逐渐爱上了这里。直到写这本书时，我已经在巴斯住了 47 年。

后来我当上了推销员，可以开车上路了，这正是我想要的。那年我 22 岁，是公司最年轻的推销员。若干年之后，到了"奔三"的年纪，我开始萌生退意。这份工作赚得不少，同事也不错，但总感觉和公司真正的业务隔了一层。于是，我开始寻找新的出路。我休了假，在一家运动用品商店干了一段时间，甚至还申请过地方电视台主持人的职位。虽然有外地电视台愿意录用我，但我舍不得离开巴斯，于是，我的主持人生涯还没开始就结束了。

33 岁那年，我终于离开了效力了 15 年的邓禄普公司。1983 年，我自己创业，成为一名营销顾问。我走访各家轮胎公司，向他们推销我的咨询业务。我的工作是结果导向的：有结果，才能拿钱。于是一夜之间，能不能按时还上贷款，能不能吃得起饭都成了问题。不过，正因缺乏安全感，我才能保持求索状态，不断奋斗。如果你一觉醒来，连还账单的钱都没有，那么哪里还顾得上累不累，只能赶紧起床做出成绩，因为你就得靠这个吃饭。

创业的前 6 年很是艰辛，我赚的钱仅够维持基本生活，有时甚至入不敷出。为了付账单，我不得不周旋在各类客户间，多小的生意都不放过。那段时间我恰好开始打网球，认识了音乐家彼得·加布里埃尔（Peter Gabriel），我们很快成为朋友。有一次，我问加布里埃尔他的音乐公司需不需要我的咨询服务，他婉拒了我。不过，他说他认识一位日本企业家，叫加藤弘，可能会需要这项服务。听说这位日本企业家跟布拉汉姆（Brabham）赛车公司有业务联系，我很想见见他。

长话短说，通过加藤弘，我又认识了杰克·布拉汉姆（Jack Brabham）。他是赛车界的传奇，获得了三届世界一级方程式锦标赛（F1）冠军，被授予大英帝国荣誉勋章。几个月后，我们也成了熟悉的朋友。1989 年 12 月，在一次赛车比赛的颁奖典礼上，杰克问我能不能担任他儿子戴维·布拉汉姆的经纪人。戴维那时也投身于赛车运动，是位很有潜力的赛车手。杰克看中了我在营销领域的经验，认为我能指导戴维在赛车职业生涯中规避一些财务和政治上的风险。

我没有拒绝。我的人生就此转向。

第二年，我陪戴维进行了艰苦卓绝的训练。然而，更大的挑战发生在 4 年后伊莫拉（Imola）的世界一级方程式锦标赛圣马力诺大奖赛。当时他在希姆泰克车队，老板是才华横溢的年轻赛车手尼克·沃思（Nick Wirth）。这是戴维参加世界一级方程式锦标赛的第二年。1990 年的第一赛季可以说相当曲折，然而，在紧随其后的赛季里，艰难程度丝毫没有减弱。

那是 1994 年 4 月 30 日的星期六。前一天，鲁宾斯·巴里切罗（Rubens Barrichello）在练习中遭遇严重的撞车事故时，我就在一旁目睹了全程，那时却不知道它预示着当天更大的灾祸。

排位赛已经进行了 20 分钟。那个年代，世界一级方程式锦标赛赛车的速度非常快，赛车引擎发出的声音非常美妙。站在跑道旁边，整个身体都能感受到那种震颤。突然，四周安静了下来，静得可怕。毫无疑问，一定是出事了。静得越久，说明事故越大。

不知过了多久，赛车缓缓向我驶来，我焦急地寻找戴维的车。看到他人没事，我松了一口气，可是，他的搭档罗兰·拉岑伯格（Roland Ratzenberger）怎么不见了？不到一小时前，我还跟他说，祝他好运。那天早上，他钻进保时捷赛车前往赛场时，我们还相互调侃了几句。他性格很好，也很幽默，是位出色而勇敢的赛车手，驾驶世界一级方程式锦标赛赛车一直是他的梦想。

然而，不管我怎样疯狂地祈祷，拉岑伯格的车都再也没有驶来。他车的前翼在赛道上受到了轻微的损坏，这在极高的速度下将造成无可挽回的灾难。他的车以 290 千米 / 小时的速度撞上混凝土墙，可他在车里什么也做不了，只能任由死神夺去生命。

我们回到酒店，拉岑伯格却永远不在了。我记得戴维问我，他还要不要参加第二天的比赛。我说："这个决定只有你自己能做。"戴维决定继续比赛，既是为了鼓舞备受打击的车队队员，也是为了给曾经并肩作战的伙伴一个交代。戴维后来说："为了我们这支队伍，我必须得振作起来，把赛车事业继续下去。"我想，这是一个勇敢无私的决定。

不幸的是，这次痛苦的经历并不是噩梦的终结。第二天，在大奖赛当天，世界一级方程式锦标赛的传奇人物艾尔顿·森纳（Ayrton Senna）撞车身亡。短短两天，两位赛车手殒命，这不仅让世人震惊，也让赛车界陷入了巨大的悲痛之中。

也正是在那个周末，我意识到我为戴维做得还不够。世界一级方程式锦标赛给人带来了巨大的心理压力，对赛车手如此，对整个车队也是如此，而我对此却了解得远远不够。大家似乎不知道该怎样面对拉岑伯格和森纳的悲剧，人们掩面哭泣，不知向谁倾诉，大概只能回到家自己默默消化。然而，消解情绪的时间对现场的几百名工作人员来说，无疑太短了。几天后，他们就得收拾好精神，投入接下来的摩纳哥大奖赛了。

　　我多想帮助戴维和车队从痛苦和阴影中走出来啊，可那时的我还没有如今的知识储备。这场噩梦对每个人都产生了巨大的影响，对我来说，它让我重新思考自己的人生：我究竟想要什么，该走哪条路。

　　我在场边踱来踱去，看着那些年轻的赛车手失魂落魄的模样。他们驾驶的赛车有最好的设计和性能，每一个螺母和螺栓都优化到了极致，可是，有谁来关注他们的内心，照料他们被这项极端危险的运动所捶打的心灵呢？

　　我担下了这项使命。我开始认真学习心理调适的方法，从临床神经科学到心理自助，我读了上百本书。原本在学校根本读不进书的我变得手不释卷。我查阅了一本又一本关于脑科学的书，深入研究了心理学、神经科学、精神病学和神经病学的相关领域。我不管这些学科是怎样命名和区分的，我要搞清楚的是，大脑究竟是如何运作的。

　　借助工作的便利，我能够行走在世界一级方程式锦标赛的赛场上，与赛车手们进行面对面的交流。车队的工作人员自然也受到了这场悲剧的影响，但最痛苦的还是赛车手们。事故的原因还没调查清楚，危险的因素或许还没有排除，他们就得驾驶原来的车，重返赛道。

这让那些年轻的赛车手如何应对？他们的驾驶会不会受影响？谁能把状态调整到最好，他们又该如何调整状态？这件事对他们的人生会有怎样持久的影响？能不能向他们提供什么支持？

我必须多学一点儿，再多学一点儿。我问过一些赛车手，他们是怎样应对比赛中的压力、奔波各地比赛带来的疲惫、赛车运动中的危险和一些突发情况的。他们的回答给了我切实的帮助，至今都让我受益良多。

我又经历了一次职业的"转向"，这次是从经纪人转变为心理教练。在这个过程中，我找到了自己的毕生追求。

2000年前后，我与一名世界一级方程式锦标赛赛车手开始了稳定的合作。他很有趣，也很有天赋，我们合作得很好。虽然我是他的心理教练，但他教给我的可能更多。

当然，我们的合作并不总是一帆风顺。有一次他告诉我，他有点儿厌倦我们一对一的谈话环节了。他说，我教的那些，什么要放松、要自信，他都知道，可是到底怎样才能放松、怎样才能自信，我还是没有教。他说得没错。他需要的是一些具体的操作方法，能够切切实实地让他放松、提高自信的方法。

他的话为我敲响了警钟。我意识到，作为心理教练，我的工作还有很多不完善的地方，我应该更努力一些，为这些赛车勇士提供更好的支持。在赛车手们的敦促和鼓励下，我开始研发自己的心理训练法。

有些方法大家都知道，不需要我来教，比如通过深呼吸来放松。但是，有什么方法能让自己更自信、更专注、更高效呢？又有什么方法能让自己理顺思绪、认清人生轨迹，从而应对频繁出现的焦虑情绪呢？这些问题在我的心理训练法里都能找到答案。

在随后的几年中，我根据诸多优秀运动员、知名人士以及各领域成功人士的反馈，不断扩充、改进这套方法，直至它日臻成熟，可以有效帮助人们管理杂乱躁动的内心。驾驭自己内心的过程，就是一次征战，而我的心灵培训方法，将助你的征战一臂之力。

用更简单的方式理解焦虑

尽管我深深着迷于大脑研究，但不得不说现代神经科学太难懂了。多年来，我在堆积如山的书籍资料中艰难跋涉，好不容易才搞明白"海马""杏仁核"这一类的术语。原来，海马就像是一块调节情绪的大奶酪，对大脑的记忆和知识存储发挥着重要作用。而杏仁核则是情绪和行为的首席指挥官。这些术语是很打击阅读信心的，一些读者抱着解决问题的目的翻开书，却被这些术语设置了又一重障碍。不过你放心，在我的书中，我会尽可能用最简单的语言来解释这些问题。

我想，我这么做是有先例可循的。拿聪明绝顶的爱因斯坦来说吧，他去世后，科学家把他的脑袋打开一看，发现他的大脑竟然比普通人的要小一些。别误会，我不是将自己比作爱因斯坦，不过，我们确实有一个共同点：都喜欢化繁为简。这位曾经是专利审查员后来却改变了世界的天才说过："事情应该力求简单，但不能过于简单。"

既然连爱因斯坦都这么说了，那么我们就尽量简单地回答这几个最容易被问到的问题吧：什么是心猿？为何要称心为"猿"？这个"猿"住在哪里，又在做些什么？

　　我在研究人脑工作机制的同时，在佛教教义中看到了这样一种说法：每个人的心中都有一只猿猴，它躁动散漫，让人心思浮动、无法专一。"心猿"一词就是从佛法中来的。我们的心就像一只猿猴，从一棵树跳到另一棵树，一时关注这里，一时琢磨那里，漫无目的，毫无进益。这只心猿还会在你的大脑里出主意、指挥你，就像你开车时听的语音导航一样。对这只心猿来说，它的首要任务是确保你安全，防止你出丑。但是，如果没有被好好规训，它可能会加重你的焦虑、不安、困惑和恐惧，对你的心理健康造成严重的危害。所以，要想过上幸福的生活，首先就得让这只心猿老实下来。

　　很多因素都会让这只心猿变得躁动，比如持续的压力、担忧或者焦虑。而躁动的心猿又会反过来影响你的情绪，让你越发焦虑。

　　用现代神经科学的眼光来看，这些古老的理论是有其道理的。当心猿左冲右突，制造各种问题时，大脑也在进行着某些特殊的化学过程。换句话说，这只心猿导致了大脑中化学物质的不平衡。

很多人都知道，我们的大脑在我们运动中和运动后会释放内啡肽，也知道 5- 羟色胺能产生愉悦的情绪，还有"拥抱化合物"——催产素能促进社交关系，以及多巴胺能够触发大脑的奖励机制。但你或许有所不知，当你的心猿感到压力并开始在大脑中来回蹦跶时，是肾上腺素在起作用。可以说，心猿就是肾上腺素的"主管官员"，你需要多少肾上腺素，它都能给你变出来。然而很多时候，它自以为是在给你灭火，帮你解决紧急情况，实际上却是在添乱。

而且麻烦的是，肾上腺素一旦持续大量地释放，将会对大脑和神经系统造成严重的破坏。这时，嘴上说要"冷静下来""别担心"是没有用的，因为大脑已经开启了化学反应模式，没法轻易关掉。如果这只心猿始终不受控制，肾上腺素不断分泌，人就会感觉越来越焦虑，最终将导致严重的后果，甚至可能出现心理疾病。那么，我们该如何防止这种情况发生呢？

我们知道，大脑分为左脑和右脑，就跟核桃差不多。

左脑与逻辑有关，主管语言、分析、判断、计划和处理能力，心猿就住在这里。简单来说，心猿就是你的思维与意识，除了在你睡眠时暂停工作，其他时间从不停歇。

当你睡着以后，潜意识就开始接管大脑。这时，你主要凭直觉行事，而不经过思考。潜意识与右脑有关，它能"看到"你生活的全貌，不是用语言，而是用感官、感觉去进行更细腻的体察。

当然，潜意识是不会休息的。白天，它与你的心猿密切合作；到了晚上，掌控你意识的心猿睡去，潜意识仍醒着。这时，潜意识这个守夜人会确保你心跳不停、肺部照常呼吸、血液继续流动，一切身体机能正常运行，同时也允许潜意识中的思维活动以梦的形式在睡眠中进行。而等到你醒了，心猿又开始接管它的工作。

如果你的左右脑在白天能够紧密配合，协调、稳定地工作，那么你就会感觉到安全可控、脚踏实地、精力集中。这是理想的状况。因为只有当你生活在幸福、健康和充实的感觉之中，才能最大限度地发挥潜力。

然而，如果左右两个半脑中有一个过于强势，特别是左半脑，或者暂时有点失控，情况就会变得一团糟。比如，你的心猿原本住在左脑，有时却想控制整个大脑。这个时候，右脑就没办法正常工作了。这种情况就像一个举止粗鲁、不请自来的客人，在错误的时间闯入了聚会。注意，这只心猿控制不了自己，它最喜欢多管闲事，瞎出主意，任何事情都想插上一脚。

你也许会问，如果我们没有心猿会怎么样？问得好。我的回答是，完全没有心猿，或者心猿无法正常工作，都会出现问题，只是问题的表现方式不同罢了。

如果一个压力源长期得不到解决，你一直生活在忧虑之中，心猿就会不停地去寻找解法，直至身体机能出现故障。当左右两个半脑长期处于失衡的状态时，你将更容易受到抑郁等心理疾病的侵害。不过别担心，有很多措施可以防止你走到那一步。

可见，我们每个人都需要有序的心猿。它能帮我们过滤一些风险，规划我们的生活。设想一下，如果我们的左脑突然受到某种严重的创伤，我们没有心猿了，这时该怎么办？

如果心猿处于完全混乱的状态，甚至消失不见，你会出现以下症状：

- 丧失长期或短期记忆。
- 感觉人生脱离了常态。
- 感觉不到自我。
- 脑袋里什么声音也没有。
- 什么也不喜欢，什么也不讨厌。
- 人际交往出现问题。
- 生活无序、混乱、没有规划。
- 感觉不到担忧、压力，一切都无可无不可。
- 没有恐惧情绪（以前害怕的，现在也不怕了）。
- 只能通过没有文字内容的黑白图像进行思考。
- 只是活着而已，拖着一副皮囊在宇宙间流连。
- 感觉人生就像一场狂欢的音乐节。

有些听起来还不错，不是吗？但是，注意，这个"但是"代表的转折比前面的转折都要大。但是，你没法保证自己的安全了，你分辨不出什么是危险，一点儿风险防范意识都没有了，即便在高速公路上逆行，你也无所畏惧了。

　　这么说可能太抽象了，不如让我来给你讲一个故事吧。吉尔·泰勒（Jill Taylor）是一名神经解剖学家，在脑科学领域颇负盛名。她 37 岁时，因颅内血管破裂导致中风。在专业的科学精神的支撑下，她记录下了自己大脑停摆的过程：从无法行走、说话、阅读和写作，到记忆慢慢丧失。

　　泰勒的中风发生在左半脑，所以她记录下的就是心猿失灵时的状态：大脑里没有声音，一片寂静，只有右脑在工作，她感到平静、友爱、善良且愉悦。但是，这个"但是"也是一个大转折：这意味着她的左脑"空"了，没有人指挥、坐镇，没有人帮忙分析或照顾她的情绪了。这么说吧，她无法保证自己的安全了。

　　泰勒将这一过程记录在了她与母亲合著的《左脑中风，右脑开悟》（*My Stroke of Insight*）一书中，这本出色的书为我们提供了一个独特的视角，让我们得以了解大脑在极端的生理条件下是如何工作的。我在研究大脑机能故障时发现了这本书，意识到她所写的正好与我想说的吻合。对我来说，这是一部鼓舞人心、极具影响力的作品。泰勒以一种前所未有的方式，揭示了左脑与右脑之间的关系，希望你也能读一读这本书。泰勒是一位很有毅力的女性，她康复得很好，现在依然在读书、教学、行医。

泰勒极端的经历正好说明了心猿的重要性：它在保护你的安全方面至关重要。同时，你也需要驯化和掌控它，不能让它横冲直撞、肆意妄为，影响你的生活。如果你不擅管理、放任自流，它就会替你掌控你的生活，那么很有可能一切都会变得一团糟。在体育界和与人生指导相关的领域，你可能经常听到"心态管理"这个词，但我要说的是，心猿管理更重要！

希望读到这里，你已经明白为什么我们需要一些神经科学的知识。因为只有这样，你才能知道你的左右半脑是否协调，而即使不协调，你也有办法将它们重调至和谐的状态，使左右半脑恢复正常的运作。

我在实践中使用心猿这个概念已有 20 年了，有些人甚至称我为"驯猿师"。最开始这么叫我的是一位女客户，我为她录制过一段 20 分钟的音频，模拟一对一谈话的过程。她听过后，说我那平静而安宁的话语让她想起了为她读睡前故事的父亲。后来，驯猿师这个叫法就传开了。

现在，你也能从我的话语中受益了。我会使你变得平静、轻松和自信。让我们开始一步一步掌控自己的心猿吧！

HOW TO MASTER YOUR MONKEY MIND

第二章

战胜焦虑的 10 大方法

方法 1

禅式呼吸法：如何保持冷静和放松

近 30 年来，我使用的所有心理管理方法中，客户反馈效果最好的就是禅式呼吸法。这个结果让我感到意外，不过以我和各行各业的客户打交道的经验来看，就连马拉松运动员也总是不记得怎么呼吸，那么禅式呼吸法这么受欢迎也就不足为奇了。英语中，respiration 一词的词根来源于拉丁语 spirare，后者也是 spirit（精神）和 inspire（鼓舞）的词根。

你知道吗？大多数人都不知道究竟该怎么呼吸。他们呼吸得很浅，只用肺或主要用肺呼吸，这种呼吸方法叫"胸式呼吸"。胸式呼吸的习惯一般是七八岁的时候养成的，更小一点儿的孩子，他们的呼吸非常放松，而且是无意识的。在孩子的成长过程中，是否因自我意识增强、同伴压力增加、课业压力加重、社会意识提高，而使心猿在他们生活中的作用逐渐增加，从而改变了呼吸方式，尚有待讨论。目前已知的是，七八岁之后，大多数孩子的呼吸相对这个年龄应有的程度来说会变浅、变短。成年后，这种效率低下的呼吸方法也保留了下来。我自己其实也是"胸式呼吸者"，直到我开始学习呼吸技巧，意识到这种呼吸方式对身心的伤害，才开始慢慢改变。

这里存在一个恶性循环：如果你的呼吸很浅，你就容易变得焦虑；当你焦虑时，你就更容易浅浅地呼吸。当我们焦虑或有压力时，最先不受控制的身体机能就是呼吸。我们会心跳加速、脉搏变快、胸部收紧，整个人都感觉热了起来，这些反应都意味着我们正努力掌控呼吸、掌控我们的心猿。焦虑好像控制住了我们的横膈膜，让我们变成了"胸式呼吸者"。此时，肺部无法被氧气充分填充，呼吸会变浅，焦虑的情绪也会加重。

在研究呼吸方式的过程中，我逐渐发现了低效率的胸式呼吸对人们生活的影响，于是我决心改变自己的呼吸方式。在这个过程中，我都被自己的进步吓到了。

我所说的"禅式呼吸法"，就是俗话说的腹式呼吸法。这个概念在 20 世纪 70 年代首先兴起。现在，它的益处已广为人知了。就我个人来说，禅式呼吸法可以迅速缓解我的焦虑，让我在面对挑战时也能够冷静处理。要知道，人平均每天呼吸 25 000 次。我们做得如此频繁的一件事，却是无意识、不受控的，这难道没有问题吗？

别担心，禅式呼吸法非常容易掌握。不要觉得自己原本的呼吸方式有多么根深蒂固，相信自己，每个人都能够改过来。

那么，禅式呼吸法到底是怎样的呢？为什么它能有效控制焦虑、促进身心健康呢？简单来说，禅式呼吸法就是拿回我们吸气和呼气的主动权，有意识地对其进行控制。

实训指南

现在，你可以找一个不受打扰的地方练习禅式呼吸法。躺在地板上，重力能帮助你感受呼吸的节奏。把一只手放在腹部，另一只手放在胸口，感受你的横膈膜。当你深深地吸气、吐气时，注意一定是位于腹部的手感受到的上下起伏更大。如果你还是感觉到胸部在起伏，那你的呼吸就还是太浅。没关系，只要发现问题了就好。慢慢改进，像我刚才讲的那样，集中精力用横膈膜呼吸，直到你的腹部（而不是胸部）能够上下起伏。

接下来，我们就该开始数数了。慢慢用鼻子吸气，数到3，屏住呼吸，几秒钟后开始呼气，可以用嘴，也可以用鼻子，关键是要感觉舒服，呼气时数到5，6，7，8，9都可以。吸气后的停顿要像高尔夫球手挥杆之前一样，稳住心态，感觉到自己的掌控感。

这个方法的关键在于呼气的时间一定要比吸气长。因为当你吸气时，心跳会稍微加快，而当你呼气时，心跳会慢下来。所以，延长呼气的时间能够使放缓心跳的效果最大化。在练习中，具体怎么计时、怎么数数，你可以自己定，但是根据我的经验和许多客户的反馈，一定要让呼气的时间比吸气长。另外，氧气的充分吸入需要伴随着二氧化碳的充分排出，这也要求呼气的时间更长一些。通过这种呼吸方法，你会放松下来，并产生一种平静感和掌控感。

试着这样呼吸一段时间，你会慢慢找到让自己放松的节奏，也会逐渐将胸部起伏改为腹部起伏。然后，闭上眼睛，让自己沉浸在禅式呼吸法柔和的节奏中，把呼吸放得慢一点，再慢一点……保持闭眼状态，不管你的手有没有真的放在腹部，你都可以想象它随着你的吸气逐渐升高，又随着你的呼气缓缓下落。

基本上，如果你长时间使用禅式呼吸法，集中精力，你就会进入冥想状态。冥想和专注是所有心理技能的主宰。本书在"方法 5"中，会讲到如何运用禅式呼吸法来增强专注力。

有一点需要注意，即当你初次尝试禅式呼吸法时，可能会听见你的心猿抱怨："多无聊呀，赶紧去看看你的邮件吧！你要发的信息发了吗？该出去遛狗了吧！要不把车开去修一修？"这完全正常，你只需要平静地承认自己受到了干扰即可。意识到自己走神了的那一刻，你的心思就回到了当下，而你越早意识到，就能越早体会到禅式呼吸法的益处。

请一定要记住，在练习时，即便分心了也不要担心，

因为你越担心，就越难以平静。不要觉得节奏乱了，努力
就白费了。保持放松，慢慢回到禅式呼吸法的状态中，继
续下去就好。

理想状态下，你只需要每天或每两天练习一次禅式呼
吸法，每次练习几分钟，就能感受到它的作用。凡事都是
熟能生巧，等你练熟了，需要这个技能时，就能迅速地开
始运用了。

当你全身心投入禅式呼吸法时，身体会怎么样呢？禅
式呼吸法不仅能使你的思维放松，还能让你的身体充满氧
气。空气将通过你的鼻腔涌入肺部，你的心跳将逐渐减
慢，血压将逐渐降低，你的肺在高效运转，为流向全身的
血液注满新鲜的氧气。想一想你身体的哪个部位需要额外
的关注，就让含氧血液流向那里吧！

禅式呼吸法通过长时间的呼气，使横膈膜得到了放
松，也刺激了副交感神经系统，从而减少了交感神经系统
的影响，而交感神经系统正是你的心猿所在之处。禅式呼
吸法还能减少肾上腺素的分泌，降低你的焦虑程度，让你
在危机时刻保持镇定。

如果你思虑较多，感觉焦虑，那就说明你的心猿占据了主导地位，或者至少干扰了你的思路。禅式呼吸法可以让你的心猿归位，让你的心情平静下来。如果心猿的声音越来越大，让你越发烦躁不安，那么就请开启禅式呼吸法，重新找回你的平静吧。

通过禅式呼吸法，你的内心会建起一座安全的小岛——一个庇护所。在那里，你可以让心猿安静下来。心猿可能会向你要说法、要行动，而你要做的，是花一些时间，重新获得控制权。控制呼吸是控制思想和情绪的第一步，当你有意识地控制自己的呼吸时，你就会感觉自己全身心地沉浸于此时此地，而不会再被过去的纷扰和未来的担忧牵着鼻子走了。

专注于呼吸，你就能专注于当下，因为你的呼吸就在此时此地，不可能在别的时间、别的地方。当你专注于当下时，人生何者为重、目标为何也就清晰了起来，而禅式呼吸法就像一道笔直的激光，能帮助你直面那些挑战。

如果你很难把注意力集中在呼吸上，总是陷入胡思乱想，脑海中各种场景纷纷袭来，让你更加焦虑，那么我教你一招：在呼吸时加入哼唱。你可能不信，其实大脑是很难一边哼唱一边思考的。因此当你哼唱时，大脑就能暂时停止思考。哼唱的声音会告诉身体和大脑，此时你是放松的。很多运动员在感到压力时都会哼唱或者吹口哨，而在禅式呼吸法中加入哼唱也会有所帮助。

练不了多久，你就能习惯于轻松、快速地开启禅式呼吸了。这种有意识的呼吸会将你的身心凝聚在一起，让你感到专注、踏实和稳定。你的情绪、思维和身体机能此时都在掌控之中，这种感觉相当美妙。

当你掌握了用横膈膜控制呼吸的技巧，你很快就会发现，禅式呼吸法真的能帮你平静下来。当然，如果你面临的挑战非常艰巨，即使你努力控制了，呼吸依旧比预想的要浅，别担心，我还有一招。这一招叫"三步深呼吸"，它非常简单有效，不管面临多大的压力，都能让你镇定下来。

实训指南

三步深呼吸分为三步进行。第一次呼气时，默默对自己说"我很平静"；第二次呼气时，告诉自己"我很放松"；第三次呼气时，则默念"我很自信"。通过加入这些具有魔力的字眼，你的禅式呼

吸法会更有力量（本书在"方法 2"中会介绍更多
这样有魔力的字眼）。当你内心平静，肢体放松，
这种身心的协调会让你自然而然地感到自信，焦虑
也就慢慢降低到可控水平了。

即便在不运用禅式呼吸法时，你也可以对自己说出这
些魔力字眼，默念或大声说都可以。"我很平静，我很放
松，我很自信"，这些字眼会使你富有力量，面对困难时
感到信心十足。

既然你已经熟悉了禅式呼吸法这个方法，那么，应该
什么时候用它呢？在生活中的这两种情况下，你可以寻求
禅式呼吸法的帮助：一种是在状况发生之前，一种是在状
况发生之后。

首先是状况发生之前，比如会议之前、需要做展示或
者做演讲之前。一位与我共事的运动员在大型比赛前，甚
至在比赛期间都会使用禅式呼吸法；一位高尔夫球手告诉
我，他在莱德杯（Ryder Cup）高尔夫球对抗赛中用到了
这个方法；还有一位赛车手在国际赛车大奖赛的赛前热身
中也用到了它。对运动员来说，平静的呼吸能让他们的身

体充满能量；对普通人来说，在面临各种各样的挑战之前
运用禅式呼吸法，也能获得许多益处。

其次，当应对已经发生了的情况时，禅式呼吸法也很
有效。当你意识到自己开始焦虑、担忧或畏难时，像那些
优秀的运动员一样，尝试运用禅式呼吸法吧。在生活中，
你会遇到很多压力，也许是不理想的考试成绩，也许是一
张意外的账单，也许是一通突如其来的电话。发生这些情
况时，只要条件允许，我通常会先坐下（这是有益的，因
为这种情况下人们通常会感到身体疲惫），保持身体静止，
如果环境安全的话就闭上眼睛，然后开启禅式呼吸法，并
尽可能地保持这种状态。刚开始的几分钟可能比较难熬，
因为你的心猿会朝你大喊："不能这样！"但你得给自己
这个放松的时间。

刚开始可能会比较困难，你可能会感觉不到禅式呼吸
法的益处。但是，感觉不到并不代表没有：你的血压会降
低，让你飞速运转的引擎失去动力，从而感到身心放松。
所以，坚持下去，多练习，养成遇到压力就切换为禅式呼
吸法的习惯，在未来的日子里，它会成为你最大的盟友。

这种呼吸方法并不是我臆想出来的，它有神经科学的支持。包括泰勒在内的许多脑科学家认为，一个想法，不管它是好是坏，也不管它会给你带来怎样强烈的情绪，都需要将近 90 秒才能周行你的全身。掺杂着情绪的想法总是更加难以摆脱，尤其是负面的情绪或回忆。由此推断，如果在这 90 秒的时间内我们能开启禅式呼吸法，那么那些迅速涌出的肾上腺素和其他导致压力的化学物质就会逐渐消散。

在本书提到的所有心态管理的方法中，禅式呼吸法是最方便使用的，无论你走到哪里，都可以随时启用。这一点非常重要，也是我喜欢它的原因。正因如此，在应对焦虑或意外情况时，禅式呼吸法总能派上用场。比如，当你想要减肥或者控制饮食时，你就可以在进超市之前，花几分钟来进行禅式呼吸。随着你的心率和血压降低，你的情绪也将平静下来。当你走进超市，闻着超市里烤面包的香气，看着堆成山的巧克力和糖果时，你会感觉自己不那么冲动了。心猿会搅动你的肾上腺素，而禅式呼吸法则会帮你平静下来，作出正确的选择。

我很喜欢禅式呼吸法的另一个原因是它很隐蔽，你可以悄悄地改变呼吸，没有人会注意到。你可以在公交车上、在地铁里、在商店排队时进行，甚至在准备登机的时候你也可以做。它几乎不受时间、地点的限制，而且不会被人发现！

多年来，我的客户一直在使用禅式呼吸法，其中不乏优秀的运动员。从他们身上，我看到了禅式呼吸法带来的巨大成效。你可能以为，那些高水平的运动员掌控身体的能力应该是一流的，从某些方面来说确实如此。然而，已经数不清有多少次，每当有运动员来我这里参加培训，我就会发现他们的呼吸方式并不正确。他们的身体可谓完美，多年来他们也一直在锻炼自己的体格，可呼吸呢，靠的还是胸部。

我曾在赛车队学院与众多年轻赛车手并肩工作过一段时间，那时我也见证了禅式呼吸法的巨大能量。为了获得分析数据，我用测量仪器记录赛车手每分钟的心跳次数，以及每一次心跳之间间隔的时间量，进而评估他们的呼吸质量。

在测量仪器的监测下运用禅式呼吸法，我们能很快地发现这一方法的优势：随着赛车手呼吸技术的改进，他们的心率变得更加规律；他们在做决定时更加干脆果断；同时，比赛时的圈速也有所提高。

赛车手喜欢数据，圈速、转弯速度、轮胎压力、重力的数据，他们都很看重，无不想从中寻找提高速度的办法。当我们把测量仪器显示的数据拿到他们面前，告诉他们正是禅式呼吸法使其变得平静且专注时，他们无不信服。连世界上最好的赛车手，在身体和精神的双重高压下，都能从这种呼吸方式中获益，更何况我们普通人呢？

关于禅式呼吸法的益处还有最后一点，即越来越多的流派认为，以这样的方式控制呼吸有助于全身的健康。虽然目前还没有严谨的科学研究证实这一观点，但既然氧气是维持人体健康的燃料，而禅式呼吸法能使身体充满氧气，那么得出这样的结论也是很合理的。我有几位客户患有肠易激综合征（Irritable Bowel Syndrome），据他们说，每天运用禅式呼吸法后，症状都有所减轻。当然，患了病应该看医生，这是毋庸置疑的。但我希望未来有研究能够证明，正确的呼吸方式能有效促进人体健康。

回到我们前面说的呼吸次数，每个人每天大约呼吸
25 000 次，这是唯一一项身体既可以有意识去做，也可
以无意识执行的活动。因此，如果我们每天花 5 分钟练习
禅式呼吸法，收益将是巨大的。刚开始练习时，尽量在每
天选择同一时间进行训练，以此逐渐养成习惯，从每次练
习 5 分钟开始，慢慢可以加到 20 分钟。

禅式呼吸法虽然简单，但你需要练习的是怎么保持
下去，因为过程中很容易分心。坚持下去，你会有所收
获的。

我们生活在一个快节奏的世界，尝试着放慢呼吸吧，
这也是善待自己的一种方式。一天中，只要有一小段时间
改善了呼吸方式，那么在这数百次的呼吸中，身体和心灵
就能受到健康的洗礼。当然，你可能正处在焦虑之中，让
你安静地躺下、慢慢地呼吸可能有些困难。尽管如此，我
还是劝你先试一试，哪怕只有一两分钟。随着练习时间的
增加，你会看到自己的进步。有一天你会突然发现，自己
已经能够轻松开启禅式呼吸法了，只要情况需要，你就能
将它召唤出来。

其实，最开始我在给客户讲解这项技术时会有点难为情。人家大老远跑过来见我，我能做的却是教他们怎么呼吸！然而，虽然办法简单，但不代表用处不大。

我经常对客户进行回访，一位顶级英式橄榄球运动员告诉我，自从我教他"像婴儿一样呼吸"后，他的心理健康状况大大改善了。我向你保证，只要操作正确，禅式呼吸法一定会改变你的人生。

来吧，找个安静的地方躺下，把手放在肚子上，有意识地控制呼吸……

◎ 真实案例：在高风险和不确定中取胜的德雷森

保罗·德雷森（Paul Drayson）是一位成功的企业家，他曾担任英国商业、创新和技能部（Business, Innovation and Skills，BIS）部长，同时他也是一位赛车手。德雷森只有一只眼睛视力正常，但他依然决定参加勒芒 24 小时耐力赛。

德雷森在生活中一向热爱挑战，他来寻求我的帮助，不仅是为了保护自己的安全，更是为了提高竞争力。德雷森坦言，禅式呼吸法是他用来保持镇定和放松的主要方法，能够帮助他在赛道上集中精力。2011 年 3 月 2 日，他在牛津大学"未来城市"（Cities of the Future）工业论坛上发表了一场演讲，下面是演讲选段。

How to Master Your Monkey Mind
战胜焦虑之旅

　　我一直很喜欢车。我在肯特郡的布兰兹哈奇赛道附近长大。每个周末，如果风从赛道的方向刮来，我就能听到山谷里回荡着赛车的声音。我父亲会带我去赛车场附近转悠，让我近距离接触那些了不起的赛车手。十几岁时，我就下定决心要做一名工程师，与汽车打交道。2003 年夏天，我开着自己的第一辆正式赛车——1963 年的 AC Cobra[①]，小心翼翼地驶上了奥顿公园赛道。

　　那是我一生中最可怕的经历。那台赛车有如一头

---

① 英国 AC 汽车品牌旗下的一款超级跑车。AC 汽车公司成立于 1901 年，于 20 世纪 60 年代闻名于世。——编者注

猛兽，而我却为它深深着迷。43 岁时，我想要玩赛车，我想参加勒芒 24 小时耐力赛。年龄倒没给我带来多少阻碍，但那时我才知道，我天生只有一只眼睛有视力，这种情况是不允许参赛的。而如何克服视力的问题又是另一个故事了。尽管如此，我已经考取了赛车手执照，也在英国赛车锦标赛中摘得亚军，后来又在勒芒 24 小时耐力赛中与我的德雷森车队一起获得了季军。

过去几年里，我一直在比赛，从身边的一些人身上，我学到了很多东西，从中受益极大，因此在这里想和大家分享。我曾有机会学习如何在高风险和不确定的情况下取得成功。当我行驶在勒芒的穆尔桑直道（Mulsanne Straight）上时，正是夜间，还下着雨，车速超过了 320 千米 / 小时，那种感觉就像被抛至深深的竖井之下，手里只拿着一个手电筒……

世界危险又未知，我们该如何生存

你会怎么做？你会不会不畏困难，迎接挑战？

在这方面，我太有经验了。2010 年，参加勒芒

24 小时耐力赛的前夜，我辗转难眠。这种情况很少见，我一般入睡很快，即便第二天有重大活动也是如此。可这次我是越睡不着，就越紧张。时间一小时一小时地过去，我尝试了所有的助眠方法，但都没有用，脑袋里风起云涌，根本停不下来。说来也怪，我总是担心赛车在比赛过程中错过维修区，把整场比赛搞砸，于是脑海中一直重复着这个场景，同时努力去想维修通道的那个标志。因为赛场上的环境非常嘈杂，车来车往，灯光闪烁，工作人员跑来跑去，很容易错过上维修通道的地方，尤其是在夜间。

我还很担心下雨，担心撞车。我很害怕，几周前的赛车比赛中有选手发生了事故，有人丧生，我很受打击。于是这一整晚我都不得安生，我的大脑不停地在和自己打架，就是不肯让我好好睡一觉。

第二天早上，果然下雨了。一个声音在我脑海中出现，其实就是心猿，它说："也许你的直觉没错，这场雨就是想告诉你，退赛吧。你一向很信这玩意儿，说不定今天你会撞车，会受伤，甚至小命不保。你的害怕是有原因的。"

我记得唐·麦克弗森（Don MacPherson）很早以前就跟我说过，心猿的声音其实就是你的生存本能在作祟。但我知道我不能退缩，我也不想退缩，即便我想，我也做不到。

几小时后，我穿好装备，站在白环中心，低着头，看着自己的脚。这是第 76 届勒芒 24 小时耐力赛，我在第 14 号赛位。马上，我就要跑到车前，准备开始比赛了。

坐在车里，透过后视镜，我看见左后方居然是一辆蓝红色的 Zytek[①]，里面坐的是世界一级方程式锦标赛前冠军尼格尔·曼塞尔（Nigel Mansell）！在我进行赛前试练时，一个想法在我的脑海闪现："曼塞尔肯定会竭尽所能超过我的。只要他离得够近，只怕不是他死，就是我亡。人家的世界冠军可不是白得的。他一向勇猛，开起车来全力以赴，可千万别让他靠近我。"

---

① 吉布森技术（Gibson Technology）生产的汽车，这是英国一家专门服务于汽车和赛车运动的汽车公司。——编者注

我开始开赛车时年龄已经很大了，唯有刻苦训练才能赶上那些年龄只有我一半大的职业选手，更别提前世界冠军了……我告诉自己：你得放松。你一害怕，就会紧张，一紧张，就会丧失对车的感觉，速度就会慢下来。从赛车中，我学会了怎样在害怕时放松下来，怎样在巨大的压力下正常发挥。

去年 8 月，我们在美国最大的赛车比赛"美国之路"（Road America）中获得了杆位资格。在前一场比赛中，我把开局搞砸了，赛车甩了出去，差点儿报废，所以车队很担心我这次也会出状况。就在比赛开始前，油箱加满燃油后，软管接头却卡住了，我坐在车里，被燃油喷了一身。我就以这样的形象待在首发位，坐在燃油里，后背灼灼发烫。大家多半认为我会再次搞砸，冠军之位岌岌可危。那时，我是怎么做的？

我按麦克弗森教我的那样，把注意力集中在一号弯道的入口，运用禅式呼吸法缓缓呼吸。如果这篇自白只能让你记住一件事，那么请记住：禅式呼吸法真的很管用。

　　当你压力很大时，比如要演讲了，要向他人告知一个坏消息了，或者想在比赛中开个好头，你就得这么做：吸气，数到 3；屏住呼吸，数到 2；然后呼气，数到 5。重复三遍。你的心跳会变慢，肾上腺素水平会下降，肌肉会放松，思维会更加清晰。你的能量会慢慢集聚，事情也会顺利推进。

　　相信我，真的有用。

　　对我来说，运用禅式呼吸法的整个过程就像是一种升华。我使用这种方法很久了，为了在议会上发言，包括今天，为了站在这里……

　　这真的要感谢麦克弗森。我们讲取法乎上，他就是那类最优秀的人才，他的方法值得我们学习和借鉴。

　　祝大家前程似锦，谢谢大家！

（方法 2）

心猿管理法：如何用积极话语保持良好的心态

在"方法 1"中，我们讲了如何运用禅式呼吸法，现在，相信你已经能够在需要的时刻开启这种让人平静且放松的美好感觉了。在你踏上宁静而愉悦的人生之路时，禅式呼吸法将会是你的好帮手。

不过，记不记得我曾提示过你，在运用禅式呼吸法时，你的心猿可能会打破平静，使你的脑海中充斥着各种杂念？这不仅发生在运用禅式呼吸法的过程中，如果不加管控，心猿可能会没日没夜地闹，让你心力交瘁。更麻烦的是，它可能会专挑你手足无措的时候，把原本就很糟糕的情况弄得更糟。当你的心猿闹起来时，你会越发焦躁，难以入睡，精力无法集中，更加焦头烂额。

所以，为了能够惬意地享受人生，我们一定要学会控制自己的心猿。

何为控制心猿呢？让我们回到你脑海中的那个声音。你可能不相信，据说我们脑海中每天会冒出 60 000 个想法（我倒想知道有谁真的数过），其中大部分是前几天出现过的，可以说是循环往复了。有的想法很简单，比如"我得去喝杯咖啡了"；有的想法则比较让人困扰，比如"我要是考试不及格怎么办？那麻烦可就大了"，或者"我丈夫可能生病了，他状态好像不太好"。

想法虽然有简有繁，但总量如此之多，因此很容易让人头大。一旦出现这种情况，你可能就会感觉心猿占据了主动位，而你只能听命于它。实际上，这正是你该管理心猿的时候，而管理心猿也是心态管理的核心。下面我们就来看看如何管理心猿。

首先，记住这个雷打不动的事实：你才是领导者。做决定的是那个真实的你、内在的你，而不是那只心猿。即便有时候心猿越俎代庖，你也不要动摇这个信念。你是正主，心猿是副官，它可以提建议，但拿主意的永远是你。

你才是领导者。

管理心猿的秘诀就在于谨记你的位置，你只要掌握了这条黄金法则，就能控制自己的思想，改变自己的人生。放心，我不是要叫你去"积极思考"，这种陈词滥调是帮不上什么忙的（当然它也不是一无是处，我在"方法 3"一节会提到它的益处）。当你的脑袋一团糨糊时，要如何积极思考呢？这就好像告诉一名抑郁症患者要"开心点儿"，听起来好像很有道理，但实际并无帮助。如果你的世界一切都很美好，那么你当然容易积极乐观；可是如果你正在经历一段困难的时期，比如身体不适、工作不保、人际关系不顺，那么积极乐观就不过是一句空话。

这个时候，你得学会另一套话语。

学习另一套话语并不是让你学一门外语，不用担心我会拿出法语试卷来测验。我们要学的是"积极话语"的艺术。要学会这套话语，我们得先"钻进"你的脑袋里看一下。

　　要想升级你的思维，首先你得清楚地意识到你现在在想什么，了解其中积极和消极想法各自的占比。为了了解这一占比，你要主动打开大脑内与心猿对话的频道。这么说可能有些不合逻辑，我方才说心猿只会帮倒忙，为什么现在又要去听它的话？别着急，让我们试着去体验一下，相信我，你会受到启发的。来，准备好了吗？

实训指南

　　请放下手边的事，条件允许的情况下，或坐或卧，让自己舒服就好。你可以闭上眼睛，也可以睁着。然后，慢慢地、轻轻地、平静地深呼吸，把注意力放在大脑此刻听到的声音上。嘘，听到了吗？此时此刻，它在想什么？

　　不要干涉这个过程，只需带着孩子般的好奇，耐心倾听就好。心猿越来越近了。它想干吗？它在说什么？它是安静还是吵闹，是平和还是暴躁？尤其要关注的是，它是处于积极的状态，还是消极的状态？不要和那些想法理论，也不要争吵，观察它们，平静地倾听你内心的声音。

提醒一句：头一次尝试时，你听到的消极的声音可能会比平时多。有些人甚至会惊讶，自己的心猿怎么那么阴暗。别担心，这些都是正常的，都是大脑的基本配置，它之所以总是忧心忡忡，其实是为了确保你一切安好。

听到消极的内容时，不要轻举妄动，先继续观察。那些消极的话语，你的大脑每天都要听上千遍，这些想法当然会反过来影响你的心情，影响你对事物的看法，甚至影响你整个人生的体验。而我们要用积极话语改造的，恰恰就是这部分内容。

讲讲我的亲身经历吧。有些消极的想法很容易被注意到，比如"我真觉得自己做不到"，或者"我怎么生出了这种妄想？"，还有的可能藏得深一些。当我第一次坐下来倾听心猿时，我发现只要面对挑战，我的内心都会有个声音说，"试试好了"。听起来挺好的，不是吗？可是你再仔细想想，"试试"这个词，已然包含了对自己的怀疑，让你允许自己失败。如果你想"试着"减减肥，你觉得自己真能减得下来吗？如果你"试着"戒酒，你觉这个过程需要花费多久？如果你邀请我晚上 8 点在酒吧喝一杯，我说，"试试看吧，能去就去"，你觉得我真的会去吗？

当我意识到"试试"这个词的消极意义之后，便决定只要产生这种想法，就用积极话语替换它。比如，我不说"试试好了"，而是说"我尽力去做"，或者仅仅是"尝试去做"，更好的说法则是"我要做"。我也得承认，转换说法看起来很简单，实际上并不容易，经常一不小心就说漏嘴了。我感到很惊讶，原来"试试"已经成了我的默认用词，即便我知道它不积极、不宜用。不过，别灰心，这个方法与本书的其他方法一样，熟能生巧。坚持一段时间，我就能说服我的心猿，把这个词从大脑默认词库中剔除了。

这就是我所说的积极话语：你的用词要能够帮助你以更积极的方式思考，从而把太过谨慎、太过狂妄、不合时宜、束手束脚的那些消极想法揪出来，踢出去。这些想法本意大都是好的，但对你毫无帮助。因此，在你与自己的日常对话中，就得将它们摒弃。消极话语会影响你的日常表现，会削弱你、毁掉你，就像氪元素①会影响超人发挥一样。所以，一定要意识到哪些话语是你的氪元素，然后用积极话语解除伤害。

---

① Kryptonite，Kyrpton 的变体，前者是超人等故事中的虚拟化学元素，是超人的终极弱点。——编者注

你可以将那些不断出现在脑海中的话写下来。"试试"肯定是我的其中一条。除此之外，还有哪些？等你抓住了这些罪魁祸首，就在旁边写下可以替换的积极话语，就像表 2-1 这样：

表 2-1　消极话语与积极话语对比

消极话语	积极话语
压力太大，我搞不定	有压力好，我能接受
我担心会失败	越是担心，我越有斗志
我感觉紧张、焦虑	我很平静、很放松
万一做错了怎么办	没有对错，只有学习
我不够好	我很坚定、很自信，我能做好
万一还是像上次那样搞砸了怎么办？	别管过去，专注现在
我胃里翻江倒海	紧张不要紧，适度的紧张能让我集中精力。放心，只要别真吐了就行
我觉得我不行	我准备得很充分
我一路走来，总是跌跌撞撞	我的人生就是一场舞蹈，我在舞动自己的人生
我可真爱焦虑啊	我能够直面担忧，不为其所惧

续表

消极话语	积极话语
我真不幸，真可怜	今天真是我的幸运日，我很感激有这样的机会
不行！	行！
做不到！	没问题！

写完以后，把这张表带在身边。一旦那些消极话语钻入你的脑海，就把这张表拿出来看一看。时常想想你写下的积极的替换话语，多加练习。改变思维的话语其实是一项思维技巧，和其他技巧一样，练得越多，掌握得就越好。

在这个练习中，你改变的不仅是语言，更是思维，你在学习掌控你的心猿。这个练习看起来简单，却能有效地帮助你把思维朝积极的方向转变。一些大脑专家认为，每产生一个消极的想法，都需要 5 倍的积极想法去覆盖它，因为消极的想法往往有过度自保的特性，所以更顽固、更强大。因此，你要做的不是"试试看"，而是着手去干。

你越是任由消极的想法在大脑中游荡，它们就会越强大。因此，在这些消极想法进入你的潜意识之前，你就要打断这一过程。一旦进入潜意识，消极的想法就更难拔除了。这里提供一种能让你的语言库充满积极话语的方法，我们称之为"拿下心猿"。

实训指南

"拿下心猿"是说，没必要压抑自己消极的想法，只需要意识到它们，然后迅速用积极的话语或想法取代它们，将它们拿下。每当一个消极的想法出现时，你就这样照做一次。快！拿下心猿！把这个过程想象成一场游戏，挥动你的球拍，把消极的想法赶走。多练习几次，让有力的、积极的想法取代消极的想法，它们就不会钻入你的潜意识了。拿下！赶走！拿下！如果你能笑着赶走它们，或者偶尔能在游戏的过程中大笑，那么你就取得了巨大的进步。

还有一个方法我的客户也比较喜欢，那就是想象你有一个电视遥控器。试想一下，你最喜欢的电视节目要开始了，你打开电视，结果看到的是另一个频道，里面的节目简直难看得不行，这时你会怎么做？你会赶紧拿起遥控器，立刻换台！脑海中的想法也同样如此。无论何时，一旦你听到心猿说的话是不合时宜或毫无帮助的，就赶紧抓起遥控器，切换成你之前选定的那些替换话语。

记住，你的目标不是要完全摒弃所有消极的东西。退一步说，其实心猿那些"不要做"的声音，可能会救你的命。比如，路上的车川流不息，你总不能看都不看就往前冲。你要做的是改变二者的比重，让积极话语占优势。运用积极话语可以避免消极想法支配你的大脑，以致淹没积极话语的声音。如果不对消极的话语加以控制，你就有可能发展出恐惧症和心理健康危机。即便情况没有那么严重，你也应该为自己的内心选择更积极的话语。

积极话语如同你在内心设定的一个程序，用来阻止消极的话语和想法。具体的做法就是训练你的心猿选择积极话语，并在消极话语出现时意识到它的存在，质疑它的合理性。你练习积极话语的次数越多，思维就会越积极。那些人生赢家都是这么做的，只是他们可能自己都没有意识到罢了。

拿我接触了很多年的网球界举例吧。诺瓦克·德约科维奇（Novak Djokovic）是一位世界顶级的网球运动员，他就能通过将消极话语转变为"我可以"这样的积极话语，从而掌控自己的心猿。有一段时间，他明明体能很好，技术也不差，可偏偏那几年都卡在世界排名第三的位置。后来他意识到，他唯一没有调整好的就是心态，他需要让大脑习惯于更积极的思维方式。通过使用积极话语，他获得了强大的信念和能量，自信之火开始在他的胸中燃烧，而这也成为他问鼎世界网球冠军、成为最优秀的网球运动员之一的主要原因。德约科维奇可以把积极话语练得炉火纯青，你也一样可以。

既然你已经准备开启积极话语的训练课程，那么就让我来帮你快速掌握一些新词汇吧。具体方式呢，就是引入"咒语"（mantra）。别担心，你就在心里想："他马上要教我怎么做瑜伽了，我才不怕呢！"

实训指南 How to Master Your Monkey Mind　　Mantra 一词源自梵语，意思是大脑（man）的工具（tra）。早至公元前 3000 年，"咒语"一词就出现了，其在佛教、印度教和锡克教的文字中都有记载。咒语属于"神圣的话语"。它可以是一个词，也可以是好几个词，甚至可以是一句韵文；人们可以大声念出来，也可以悄悄对自己说。此外，根据场合的不同，咒语可以只说一次，也可以重复多次。

咒语对屏蔽消极思想、话语和感受相当有效。所以，我称咒语为"心猿拦截器"。为了说明这一点，让我们来看看现代最著名的咒语吧。它就是拳王穆罕默德·阿里（Muhammad Ali）发明的"我是最棒的"。在还没有成为世界最强的拳击运动员时，阿里就不断重复这句话，借此也把那只疲惫而忧虑的心猿拦在了门外。阿里要迈入的那个赛场是多么的凶险，他的心猿难免上蹿下跳，忧心忡忡。但是阿里不听、不管心猿的负面暗示，他不断告诉自己，告诉所有人，他是最棒的。后来，他果然成了最棒的拳击手。

至于你的咒语是什么，你可以自己决定。不过，为了帮你开个头，我们可以回顾一下表 2-1 中的那些消极话语和积极话语，从中挑一些用得上的。另外，我们还可以从一些顶级运动员的口头禅中寻找灵感，比如"锁定"。我知道有好几位世界级的运动员会在赛场上对自己不断重复这两个字，事后他们称这样确实能让他们专注于任务本身。"锁定"就是要你只关注你正在做的事，而不要去想结果。"锁定"说是咒语，其实也可以算作"心锚"，它能帮你全神贯注于手头的事，不去在意结果，从而屏蔽一些消极的想法。

不管你选择的咒语是哪一个，不管是大声去念还是在心里默念，你都可以想念多少次就念多少次。念咒语还有一个好处：当你念的时候，你就听不到心猿的声音了。就像小孩子被大人说教时用手捂住耳朵一样，你也在用自己的咒语阻挡心猿的说教。

不要觉得你非得有宗教背景或者非得像修行者一样坐到半山腰去，咒语才会起效。当你把咒语加入你的积极话语中，当你有意识地去纠正心猿的声音时，这个咒语就会发挥作用，从而改变你的人生观。

还有一个管理心猿的很有趣的小方法。有一天我也不知道怎么回事，突发奇想就给我的心猿取了个名字，叫麦克。我还专门买了一个大大的毛绒猴子，把它当作麦克，放到办公室的沙发上。只要有人来我的办公室，我就把麦克介绍给他。我去大中小学、体育俱乐部演讲的时候，也把麦克带在手边。这个方法用来"破冰"很有效，初次见面的人们总能会心一笑，气氛一下就变得轻松了。

　　让我意外且惊喜的是，我的一些客户在见到麦克之后，也开始给他们的心猿取名字了。我发现，这确实是一种能帮助他们更友善地与内心对话的方式，同时也能帮助他们更好地掌控内心的声音、情绪和情感。我开始鼓励更多的客户去给心猿取名。我收到的反馈是，这样确实能让他们站在另一个角度去看待问题和挑战，以全新的面貌去认识事物。而且，我还真有不少客户也买了毛绒猴子！他们给猴子取的名字特别有创意，有的很风趣，有的很有见地。其中有几个让我印象深刻：杰里米、玛莎、梅奇、文斯、埃兹梅雷德、科林、莫里斯、布鲁斯、马克西姆斯、鲍里斯、弗兰科、马尔科姆、戴尔德丽、戈弗雷、罗杰，甚至还有叫琼斯下士的。不妨试试看，给心猿起名也是一个很有效的方法，相信你会由衷地喜欢。

　　下面是学习积极话语的三步走方法：

- 第一步，聆听你内心的声音，找到负面的内容，强化对它们的意识。
- 第二步，把它们抓住，换成一些积极的说法。
- 第三步，用咒语加快这一进程。

积极话语会让你的心态更积极，整个人也更自信。当你更自信的时候，你在面对挑战时自然而然就会更有能力，因此你的努力就更容易有成果，付出也更容易有收获。

世界上每天都有成千上万的人在学习新的语言，他们享受这一过程，并能从中感到快乐，比如通过了日语考试的时候。学习语言是一种美妙的体验，你在学习和应用积极话语时也应该有这种感受。有一天，你的大脑会沐浴在各种积极的想法里，任何消极的想法都伤害不到你了。过不了多久，无须刻意，你就能自然而然地选择积极的话语，这个时候，你的这门积极话语就算是学好了，你的人生也将开启新的篇章。

让我们一起学起来吧！

◎ 真实案例：对未来重拾热情的扎克

扎克（Zak）是一个高大帅气、有礼貌且讨人喜欢的年轻人，也是一名优秀的英式橄榄球运动员。和许多青少年一样，他感觉人生需要一些指导，于是就找到了我。当时，他的父亲担心他对英式橄榄球和吉他都失去了热情，或者说，感觉他对整个人生都失去了热情。在与扎克的接触中，我很快发现，不管是在英式橄榄球，还是人生的其他方面，扎克都很有潜力。我想，扎克的故事应该能激励很多迷茫的年轻人。所以请记住，不管是扎克，是我自己，或是其他年轻人，我们只是偶尔迷茫，并非彻底偏航。扎克有时也会用禅式呼吸法保持平静，给自己注入精神能量，重拾对英式橄榄球和吉他的兴趣，但更多时候，他使用的方法是心猿管理法。以下是他的自述。

How to Master Your Monkey Mind ————————————
战胜焦虑之旅

2015 年夏天，我认识了麦克弗森。那时我们校队刚打赢一场英式橄榄球比赛，所有人，包括我的家人都很高兴，可我却感觉不到成功的喜悦。2015 年之前，我跟其他有抱负的英式橄榄球运动员没什么两样。2015 年开始，我慢慢变了。外表看来，我的一切依旧很好，但我知道，我的内心正被心猿慢慢吞噬。我原本以为只有我是这样，可是麦克弗森的说法改变了我的观点。

　　我的学业很成功。我有过两个英式橄榄球奖学金，曾是巴斯英式橄榄球学院的成员，代表学院出征过西南 U16① 的比赛。我要分享的，是我在巴斯英式橄榄球队的一段故事。加入巴斯学院之前，我一直非常享受自己的成功以及在球场上同朋友们一起玩耍的时光。可是，当一股巨大的压力向我袭来时，一切都改变了。这股压力既来自我的心猿，也来自巴斯学院。突然之间，年仅 15 岁的我就被扔进了一个专业的环境，被要求有专业的表现。

　　这些压力撕扯着我，让我不再享受英式橄榄球了。我讨厌寄宿夏令营，更害怕被选中参加锦标赛，甚至连电视上的比赛都看不了。每到训练和比赛之前，我都紧张得想把自己藏起来。记得有一次，我特别不想去参加 U16 锦标赛，于是在电话响起时，就让我的父亲替我接了电话。这简直是教科书级别的心猿灾害了。

---

① U16 是 Under 16 的缩写，是参赛者均为 16 岁以下青少年的体育联赛或锦标赛的通称。——编者注

在巴斯英式橄榄球队的这段时间，我原本的状态
就很不稳定，加上转学的经历，心情就更加低落了。
我不仅要适应一个全新的环境，还要承受英式橄榄球
训练带来的巨大压力。巴斯学院每周一都会举办训练
赛，而我满脑子想的都是逃过去。长话短说，圣诞节
前的那一学年，我状态差得就差退学了。我感觉心猿
完全控制了我，让我的思绪陷入混乱。为此，我每周
去见好几次导师和生活老师，但没有一次讲得出来自
己究竟怎么了。

随着英式橄榄球赛季的结束，学校生活没那么糟
了。我喜欢夏天的运动，因为此时学院赛季已经结
束，不必为了某个目标而压力重重。不过，出乎意料
的是，我们进入了一场大型锦标赛的半决赛。与此同
时，我正处在人生的谷底，完全被心猿攫住了头脑。
我向父亲敞开了心扉，这也成为我人生的转折点。

那年夏天，父亲联系了麦克弗森。父亲不知怎么
就找到了他，给我安排了一次面询。对此，我并没抱
多大希望。我们匆忙与麦克弗森见了面，刚见面时，
我对麦克弗森有些怀疑，因为这家伙总在说心猿之类

的话，还老提他沙发上那只叫麦克的玩具猴子。但不管怎么说，那时的我太想走出那种绝望的境地了，所以毫无隐瞒地把自己的状况告诉了麦克弗森。后来我又和麦克弗森约了几次面询，他的话改变了我的人生。

我的心猿很疲乏，同时也越发亢奋。它基本已经掌控了我的生活，我却对此毫不知情。我运用了禅式呼吸法，让心猿平静了一些，也让自己看到了前方的路，从而重新掌控自己的思维、情绪和人生。在心猿念叨负面的话语时，我能够反驳，摆正心态和角度，看到事情真正的意义。

最好的扎克

和麦克弗森度过了一个夏天以后，我们一起打造出了"最好的扎克"，我也能够管住自己的心猿了，我又开始迫不及待地想回到英式橄榄球赛场。那个赛季的第一场比赛一直都很重要，当地人称之为"朝圣者比赛"。从青少年到退役的选手，所有人都会回来参赛，算下来只怕得有 400 多人！那天，我们下午

一点半要在球场上集合热身。而我刚结束周六和麦克
弗森的面询，回来躺在床上，像此后的每次主场比赛
一样，在脑海中过一遍我的赛前常规。这时，我们的
替补队员冲进了我的寝室。他大汗淋漓，上气不接下
气，不停地讲自己有多紧张，而我却淡定地躺在床
上，养精蓄锐，准备在球场上大展身手。

这个赛季我们非常成功，可以说是创造了学校
20 多年来的最佳战绩。我被选为 First XV 的副队长、
First XII[①] 的队长，还赢得了学校徽章。后来，我又
当选了学院主席和校优秀学生，这些荣誉对在最后两
年才转学进来的学生来说，已十分难得。

更好的扎克

我在离开学校之前就已经退出了巴斯橄榄球队。
对此我毫不沮丧，因为我现在正处于有史以来最好的
状态！我来到了美国，在芝加哥附近的一所顶尖高中
获得了一个教职，也踢了一个赛季的橄榄球。这段时

---

① First XV 和 First XII 均属英国巴斯橄榄球俱乐部。——编者注

间里，我和麦克弗森的面询也很顺利。"最好的扎克"已经进入了心猿管理的新篇章，于是我和麦克弗森要联手打造出一个"更好的扎克"。在经历了一个夏天的面询和训练后，2017年1月，我开启了新的征程。

在美国待了一个月后，与我从家乡一道而来的队友决定离开，我只能独自一人留在美国，那段时光真不好过。但我知道，我对这份工作的准备还是很充足的。打了两场比赛之后，我被任命为校队队长。就在这个当口，我的右脚踝韧带断裂了，有8周不能上场。当我重返赛场时，我带领宾夕法尼亚高中赢得了中西部冠军，成为当年全美排名第二的球队。

新的篇章

我在美国期间，父亲曾卷入一场商业纠纷。我能够看出来他被心猿所控制，那种状态我再熟悉不过了。那段时间，我跟麦克弗森的关系已经很好了，于是我们齐心协力，把我的父亲拉回了正轨。能够帮助生命中帮助过我的人，是我这段经历中最有收获的部分，我把它看作我人生的巅峰。我已从谷底走了出来，现在已经能识别、帮助那些遭遇同样困境的人了。

　　我对麦克弗森万分感激，是他再度唤起了我对橄榄球的热爱，给了我武器，让我成为自己人生的勇士。这些武器不仅改变了我自己，也赋予了我帮助他人的能力。现在，不管我在哪里，在做什么，我都确信自己有能力管理好心猿，这给了我勇气和强大的信心。

方法 3

持续改进法：如何发掘潜能与突破瓶颈

你可能会认为，与三届世界一级方程式锦标赛冠军见面，一定会对我的生活产生很大的影响。前面讲到，杰克·布拉汉姆是我的一位人生挚友。正是通过他，我才认识了川本信彦。1990—1998 年，川本信彦在本田公司担任总裁，同时也是本田在世界一级方程式锦标赛相关工作的负责人。那段时间，本田与迈凯伦合作，在世界一级方程式锦标赛领域独领风骚。

正是通过杰克，我得以接触到本田汽车公司的领导层；继而我又想到，不如干脆学习一下日本的文化、历

史、哲学，顺便再学学日语。我如饥似渴地学习着日语，
享受着这门优美的语言活跃在唇舌间的感觉。我曾多次访
问日本，与世界一级方程式锦标赛赛车队、几名日本赛车
手，以及雅马哈、日产、东芝、富士胶片等大公司合作，
当然还有本田。更重要的是，我对日本的禅宗生活也很感
兴趣，不久便发现了一个简单但强大的概念，叫"持续改
进法"（Kaizen），意即持续地朝向更好的方向改进。

Kai= 改变

Zen= 更好

那么，持续改进法到底是什么呢？

持续改进法指的是持续的、小幅度的改进。当你发现
生活中想要改进的地方之后，可以尝试着每天改进一点
点——不必像大象一样，一步就迈得很远，而是像日本舞
者一样，一次只移动一点点。持续改进法蕴含着一种简洁
的美感，我学会这个方法之后，毕生都很受用。

这个方法对管理心猿非常有用。由于每一步的改进都

很小，因此爱管闲事的心猿根本注意不到你在慢慢变好。你逃过了它的"雷达检测"，所以你在改变的时候，它既不会崩溃，也不会拒不合作。还记得吗？你的心猿只有两项职责：首先是保护你的安全，其次是防止你出现异常举动。只是它在履行职责的时候，很可能会操之过急。

为了方便监视你的行为，心猿最喜欢让你待在舒适区里。那里既舒服又安全，与外界的风险完全隔绝。听起来挺不错，不是吗？如果你本来就想度假，想躺在沙滩上，喝着鸡尾酒，这样当然不错。可如果你想对人生做个长久的改变，这时心猿就会拖后腿了。再强调一下，如果你想大刀阔斧地做些改变，你的心猿一定会惊慌失措，负面的结果会随之而来，让你身心俱疲。

心猿管理法和持续改进法是高度互补的。这两个强大的方法能帮助你对生活作出持久而有影响力的改变，既有益于你的身体健康，也能让你稳稳地踏上成功之路。

我自己在尝试运用持续改进法之后，看到了惊人的成效，相信我，你也可以做到。持续改进法会帮助你选出你最想变好的方面，并让你在这方面真的变好。不管你想改进的是哪一方面，它都能帮到你。下面是我列举的一些你可能会想改进的方面：

- 保持身体健康，或者减肥。
- 改善人际关系。
- 培养公共演讲技能。
- 通过各类考试。
- 找到人生伴侣。
- 改善亲密关系。
- 升职加薪。
- 运动塑形。
- 活在当下，保持更平和的心态。

看起来不错吧？让我们看看怎样将持续改进法付诸实践吧！

正式开始前，容我先分享一个我曾错误使用持续改进法的故事。自打记事以来，我就很畏惧超高的建筑或者高耸的悬崖。然而，每当我站到高处往下看的时候，虽然内心很抗拒，但总感觉有一股力量要把我吸下去！这种感觉还伴有头晕和恶心，加上各种眩晕一齐涌来，我肯定是恐

高无疑了。在我接触到持续改进法之前，我是像下文这样
笨拙地调适的。

我的音乐家朋友加布里埃尔知道我恐高。有一天，也
不知怎么地，他突然打电话过来："嘿！理查德·布兰森
（Richard Branson）送了我一架全新的热气球，你跟我一
起坐坐吧，说不定能一次性解决你的恐高问题。"他紧接
着说："给你 20 分钟决定，想来的话给我回电话。"

我怎么会拒绝？这可是背水一战啊！于是我就跟着他
飞上天了。我对布兰森的驾驶技术可没有信心，好在他并
不需要亲自驾驶这个涂成企业制服色的红气球，我松了一
口气。但我们乘坐的吊篮比我预想的要小得多，这又让我
有点儿紧张。

加布里埃尔并不恐高，对他来说，俯瞰格拉斯顿伯
里山丘（Glastonbury Tor）、饱览西部乡村风景是一场
难忘的经历。可我呢？我只能蜷缩在吊篮底部，死死抓
住一根结实的绳子，神经高度紧绷，全神贯注于我泛白
的指关节。吊篮的围栏看起来太低了，我和我的心猿实
在不放心，所以我无比焦虑。不瞒你说，我吓得都快窒

息了。那时我在心里暗暗发誓，不管给我多少钱，不管怎么劝我，我都再也不要坐热气球了。而我的心猿早就卸下了安全带，开始超速狂奔，整个体验可以说是相当不愉快。

要是我在乘热气球之前就掌握了持续改进法，那一定会是另一番情景。没错，这个方法就是那么神奇。不如让我们用"长木板"的例子来演示一下，看看持续改进法是怎样帮我们逃脱来自心猿的管控的。

想象我们的面前有一块很结实的长木板，大概 3.6 米长，离地面 0.6 米高，架在两道矮墙之间。如果我让你从这块木板上走过去，你觉得你能做到吗？当然能做到！你闭着眼都能走过去。现在，同一块木板，放高一些，放在两栋楼之间，距离地面 30 米。这时，你的心猿肯定要出来制止了："你在想什么？你疯了吗？"那么，你的心猿究竟会在什么情况下出现呢？更高一点儿，还是再矮一点儿？此时，如果我让你走过去，你的回答又会是什么？

其实，第二次走木板与第一次并无区别，因为两次所需要的身体技能是一样的，不是吗？那么变化是什么呢？

你肯定猜到了，变化在于心猿的介入。当木板位于两堵矮墙之间时，你不会听见心猿的声音，只会专注于脚下的木板。这时，你对自己的平衡能力是相当自信的，你知道自己走过去肯定没问题，小菜一碟。

然而，当木板的位置骤然增高，你一定会听到心猿冲你大喊，让你别冒险，别把自己摔死了。当这种声音在脑海里响起，你就无法只关注脚下的木板了。至于心猿，它也只是在履行职责，保护你的安全。为此，它会让肾上腺素像海啸一样向你袭来，使你很快失去对大部分运动技能的运用能力，失去身体的平衡，脑海中充满自我怀疑，感到自己悬在半空，只想赶紧找个电梯回到地面！

这么高的木板，我也走不过去，但如果我非走不可呢？假如有一天晚上，我喝威士忌喝高了，朋友们又在一旁怂恿，于是我大嘴一张，直呼"让我来"。这个时候该怎么办？我该怎样说服心猿让我试一次？

告诉你，这时有两种方法可以同时运用，优势互补。

首先，贿赂一下心猿，告诉它，只要我完成了这项挑战，我就在一年内都乖乖听它的话。心猿自然依旧很紧张，但它也承认，既然是为了这个理由，那么试一试也无妨。这样一来，阻力肯定比光说"我就是要这样"小得多。

其次，运用持续改进法。那么，具体要怎么运用呢？做法很简单，正是因为简单，所以有用。我会一遍一遍地走过木板，一点点地提升高度，哪怕几厘米几厘米地提升也没关系，直到升高至 30 米高。这样一来，我每次只需要战胜一点点眩晕或恐高感就够了，而我的信心每次都会增加一点儿，我也会越来越愿意去挑战。当然了，我也不至于忘乎所以，挑战得过了头。木板一定是一点点地往上升高，让心猿注意不到有什么变化。

我在生活中还用过一次持续改进法，那时心猿已经开始左右我的酒精摄入——它把饮酒当作奖励！在心猿的怂恿下，我每周的饮酒量很快攀升至医生给我定的上限。为了我的身心健康，医生建议我减量。那时，到处都在宣传

1 月大戒酒（Dry January）[①]，可生活中我却从未遇见过真正在参与的人。

"别喝了！"各大媒体的头条都这样说道，它们鼓吹一整个月滴酒不沾。可问题是，当心猿听说我打算戒酒一个月时，它完全疯了，斩钉截铁地告诉我绝对不会允许我这么做。我狠狠地抗争了，真的。我做了冥想，在心猿平静一些的时候问它，我为什么不可能完成一整个月的戒酒计划。它的论证有理有据，让我不得不信服，我根本不可能靠"全力以赴"来戒掉酒精。

于是我跟它商量，晚餐的菜单上仍然可以保留威士忌。它立即同意，表示这个主意不错，它会支持的。为了控制总量，我买了一个量杯，规定不管喝的是哪种酒，每一天都要比前一天喝得少，慢慢达到医生建议的饮酒量。我的心猿根本没有注意这个变化，而我至今都没有再喝多过。

[①] 盛行于欧洲几国、美国和高加索地区的一项公共卫生运动，旨在敦促人们在 1 月（新一年的开始）戒酒。——编者注

同样的方法也可以运用到现代社会中困扰很多人的饮食问题上来。当你的节食计划屡屡被心猿搅乱，试试持续改进法，它不会让你失望。

假设你是心猿，我知道你不是，但试想一下，当你焦虑的时候，巧克力和蛋糕总能让你开心起来。这些点心味道好，还能刺激多巴胺的分泌，谁不喜欢呢？

然后，突然之间，比如在 1 月 2 日那一天，心猿听到了一个糟糕的消息：从今天起，薯片没有了，巧克力没有了，面包、土豆、酒都没有了，之后好几个星期，甚至可能好几个月都吃不着。马力全开、铁面无私的节食计划开启了。

此时，心猿会发脾气，拒绝合作吗？不，你的心猿是个狡猾的小家伙。它会先忍受你的新政一段时间，几天，几周，甚至一两个月；与此同时，它正躲在暗处，寻找时机，一举夺回掌控权。当它开始夺权的时候——它一定会这么做的，你将吃到 6 周以来的第一口蛋糕，然后它会引诱你不妨再来几块饼干，再喝一杯酒……不知不觉中，你的节食计划就失败了，你又开始陷入深深的自我怀疑。而你的心猿此时正高高兴兴地坐在椅子里，愉快地揉着塞满糖果和甜点的肚子呢。

因此，在处理与食物的关系时，你需要用到持续改进法。喜欢吃的东西不要说戒就戒，少吃一点儿就好。如果你愿意，可以好好计划一下，慢慢减少这些问题食品的摄入量。同时需要调整的，还有你谈论食物、对待食物的方式。

也正是基于这个原因，我从来不对人说，你得"减肥"，因为心猿这个家伙可是什么都要抓住不放的。一旦听到"减"这个字，它肯定会闹，给你制造麻烦。我会说，你得"控制一下体重"。说法变模糊之后，心猿的干涉也就小了。

在运用持续改进法时，这些看上去微不足道的变化，就能很好地改善你与食物的关系。这些变化很小，心猿根本注意不到，因此也不会产生恐慌。在它的眼皮子底下，你还是有很多细小的改变可以做的，坚持每次改进一点点，你会逐渐收回自己对食物的掌控权。

上面的例子可能不是你想要改进的地方，但是请记住，持续改进法可以运用到任何领域。选定你的目标，然后静下来想一想怎样用持续改进法将这个目标拆分成多个小目标，可以逐步、缓慢、持续地向前推进。

持续改进法是发掘你潜力的加速器，也是帮你走出舒适区的助推器。它产生变化的速度慢，因此阻力也小，你很容易就能从中获得成功的满足感。它能改变你生活的方方面面，同时也能让你专注于改变的过程，而不是紧紧盯着结果。小小的改变会带来大大的收获，就像滴水终能穿石。

让我们一起迈出小小的一步，迎接大大的成功吧。

◎ 真实案例：逐步战胜厌食症的梅甘

梅甘（Megan）的父亲是我的好友。梅甘父母担心女儿节食太过，到了危害身体健康的地步，于是带她来见我。梅甘正值青少年，各方面看起来都没什么异样，在学校表现很好，尤其擅长体育运动。问题出在哪里呢？原来是她的心猿掌管了她的饮食摄入，所有它认为会发胖的食物，都不得入口，尤其是巧克力、甜甜圈这种甜食。

后面你会看到，梅甘在夺回饮食控制权方面做得很好。她使用心猿管理法，改变了心猿对什么该吃、什么不该吃的看法。又运用持续改进法，一口一口、一顿一顿、一天一天去增加摄入。因为她的本心知道，这样才是真正对她好。持续改进法对她的帮助最大，到后来，她甚至能允许自己偶尔吃顿大餐。以下是她的自述。

How to Master Your Monkey Mind ————————————————
战胜焦虑之旅

我十来岁的时候，一直对自己的身体很不自信。我不喜欢自己的身形，对自己的长相也很不满意。于是我决定改变身形，觉得这样能让自己开心一点儿。刚开始，我只是吃得健康一点儿，再多做运动。后来开始渐渐失控，我吃得越来越少，锻炼得越来越勤，体重唰唰地往下掉。

这种恶性循环是我头脑中的一个声音导致的，它在我脑海中呈现的形象其实是非常不健康的。这段时间我非常消极，信心大受打击。我的家人也因此受到了影响，我糟糕的身体状况他们都看在眼里。我知道我得做点儿什么，而这一切都得靠我自己。

父亲带我去见麦克弗森是一个转折点。我对自己心理的这些变化有了新的认识，也拥有了重拾主动权的契机。麦克弗森给我讲了心猿的事，我意识到是心猿让我对自己充满了负面看法，是我自己把它从笼子里放了出来。而要想重新掌控局势，我就得自己把心猿给抓回去。

说起来容易做起来难。虽然我知道该怎样打败心猿，但进食依然是个挑战。当我终于意识到自己的身体有多虚弱时，转机到来了。运动一直是我生活中很重要的一部分，这对于保持身材是必需的。可是，因为进食太少，身体太过虚弱，我担心跟不上球队的训练，参加不了比赛。这种危机感就像重启了脑袋里的开关一样，让我的心态彻底转变了。我想要强大起来，想要从心猿那里夺回控制权。

我开始一点点地给自己在饮食上更多的自由。我喜欢吃的东西，比如巧克力，以前都是不允许自己吃的。现在，我对自己宽容了许多。过了很久之后，我终于可以对食物放下戒心了。能做到这一点，多亏了持续改进法，它让我以一种温和的方式，慢慢调整自己与事物的关系，并收获了很好的效果。

现在，我18岁，完成了高中学业，正在申请拉夫堡大学（Loughborough University）的心理学专业。战胜厌食症之后，我重新找回了对身体的热爱。这几年，我体会到了对身体前所未有的自信。其实，每个人都会有不安全感，都会有对自己相貌不满的时候，只不过现在的我已经知道如何把心猿关在笼子里，让那些消极的想法不再对我造成困扰。

当麦克弗森找我来写那段经历的时候，我费了好大劲儿才回想起来。因为现在的我，已经不再为吃什么、能不能吃而烦恼了，我想吃就吃，绝不会犹豫一秒。回看自己那段挣扎的历程，我对自己的好转感到非常自豪。自我心态管理并不是一件容易的事。很长一段时间里，我都是自己最大的敌人，而现在我确信，我是和自己并肩作战的朋友。

方法 4

好莱坞电影法：如何变得更自信

我个人并不相信有人生而自信，就像冠军也不是一天练成的一样。我和体育界的很多冠军打过交道，在我看来，他们的成功绝非天生，而是后天练习所得。当然，这里我指的是脑力，因为就身体素质来说，夺冠可能需要一些天赋，尤其对于运动员而言。

比如，我个人身高不太理想，我觉得自己应该是获得不了跳高的奥运金牌的。打网球也是一样，如果男子身高不足 188 厘米，女子身高不足 170 厘米，就会比较吃亏。

在我看来，真正的自信与身体素质无关，而是一种发自内心的认为自己有根基、受重视、不偏废的感觉。自信的人知道真实的自己是什么样的，知道自己并非被心猿所左右，也知道自己不会盲目地受思维和情绪的控制。对自信的人来说，自己由自己主宰，心猿听命于自己，自己是正主，心猿是副官。一定要牢记这一点。

我知道这种自信对很多人来说都有些困难。人们被保护欲过强的心猿干涉，难以培养出强大的自信心。我的心猿也经常打压我的自信心，让我不断地怀疑自己、批评自己、检讨自己：我是不是不够好？我真的准备好了吗？我还记得上次是怎么搞砸的吗？情况会不会很危险？我安全吗？靠自己能行吗？没错，心猿本来就是干这个的，但确实很影响自信心，不是吗？

和我那没救了的身高不同，你的自信是可以改变的。所以，从现在开始，好好想一想吧，如果你觉得自己不太自信，或者希望自己能更自信一些，那么我告诉你，改变的机会就在眼前。下面，就让我来介绍一下如何通过好莱坞电影法，全方位地提升自信吧。

很多世界运动冠军都提到过，在面对挑战时，他们会通过很具体的画面想象来提升自信，发挥出自己最好的水平。杰克·尼克劳斯（Jack Nicklaus）称得上是史上最优秀的高尔夫球手，他用精准而优美的语言描述了这一点：

> 我每一次击球都会在脑海中预先绘制出清晰的画面，连练习也不例外。整个过程就像放电影一样：在明亮的绿草地上，我能"看"到洁白的球是如何漂漂亮亮地停在我想让它停的位置上的。挥杆之后，画面一转，我能"看"到球是怎样到达那里的，路线、轨迹、角度和落地的方式，我全都预见到了。

尼克劳斯表达的这个观点，用流行的话来概括就是："你能看到，就能做成。"这是有科学依据的。诸多研究均已证明，用画面想象的技巧进行内心预演，只要使用得当，就能增强你的自信心，让你感觉自己准备得非常充分。

当然，这种画面想象加内心演练的方法不是什么新鲜招式。20 世纪 40 年代，人们在法国发现了一组洞穴，洞穴的墙壁和顶端画着 17 000 多年前的大型野兽，以及飞向这些野兽的长矛。显然，画面记录了远古时期的捕猎活动，并提醒洞穴里的原始人不要忘记这些辉煌时刻。也就是说，过去的捕猎者在离开安全地带前看到的最后一个画面就是这些成功的狩猎场景，这些场景让他们在出发寻找食物前信心倍增。

在当时那种危险的生存条件下，信心的有无可能就意味着生死的差别。当然，那些原始人是不懂得什么叫心态管理的，但那些壁画的作用实际正是如此。

我想，这也是许多运动员的更衣室布置成这样的原因——墙上贴满海报和照片，宣告着过去的成功和荣耀，也预示着他们再次取得成功的可能。

在通往球场的走廊上，挂满了主场球队的荣耀瞬间，对客场球队来说无疑会造成一些负面影响。因为信心可以增强，也可以被打压。从某种意义上说，这些运动员就像 17 000 多年前的原始人，在离开"安乐窝"、奔向战场前的最后一秒，用曾经的胜利鼓舞信心。

那么，你该怎样运用我所说的好莱坞电影法增强信心呢？

不要觉得这个方法听起来很难，其实，你可能已经用过这个办法了，不光是你，大家都用过。比如，做白日梦就是一种心理演练，谁还没做过白日梦呢？

我在学校里可是常做白日梦的，直到老师朝我吼"麦克弗森，看什么窗外，看黑板"，我的思绪才回到现实中来。在森林里干活的时候也是如此，经常是一块木头砸到我了，我才回过神来。我还在心里想象把木头往老师身上扔，不过没敢真的那样做。

实训指南

神游，在脑海中想象一个场景，假装这件事以后会发生，有时再编出无数的细节，这种事其实我们每天都在做。但这些事并不会真的一一发生，我们只是想想而已。

事实上，每个人都有这种想象的能力。无论遇到怎样的挑战，我们都可以在心里预演自己最棒的样子。这就是好莱坞电影法，这个方法的关键在于你要能够娴熟地进行想象，把它的功效发挥到最大。

有的人擅长想象画面，有的人不擅长，区别就在于练习的多少。心态管理的技巧和其他任何技巧一样，比如学习一门乐器，都是熟能生巧。多多练习好莱坞电影法吧，随着运用越来越熟练，你的自信心也会越来越强的。

我们可以做得比白日梦更好，通过使用和练习这种画面想象的技法，我们可以从中获得巨大的效益。

我一直比较害怕当众演讲，下面我就讲讲我个人应对这种恐惧的方法吧。我其实已经做过很多场演讲了，但每次去大中小学演讲，上台之前还是会紧张。我知道不止我一个人这样，当众演讲一直是很多人的噩梦。如果统计最常出现的恐惧症，演讲恐惧应该可以排得上前五。它甚至有一个专门的临床术语，叫公开演讲恐惧症（glossophobia）。

每当有演讲临近，我就会用到好莱坞电影法。随着演讲的那一天越来越近，我的心猿开始活跃起来，声音也越来越大，其实它是想确认我能否搞得定那种场合。为了让它不那么犯愁，我会告诉它我已经公开演讲过很多次了，但这并不足以让它平静下来。

所以我会把它带到我的小剧场，邀请它观看我最新编造出来的好莱坞大片：《再见，公开演讲恐惧症》。不过在此之前，我得找一个安静的地方，舒舒服服地闭上眼睛，享受 20 分钟无人打扰的宁静。此时，这个大片正在我脑海里放映。

放映开始。我闭上眼睛，无论此刻身在何处，内心都能获得宁静。若是觉得哪里痒了便挠挠，不痒便不动。这时，我就可以集中精力，开启禅式呼吸法。我把呼吸放得很慢很慢，好让脑海中的好莱坞电影发挥最大功效。

这个时候，我只有腹部随着禅式呼吸上下起伏。很快，我感到体内有了一股平静的力量，从头顶灌注到脚底。我慢慢掌控了自己的情绪和思维，心猿的声音正在逐渐消退。

现在，让我们再出一个难题：想象我要在好朋友的婚礼上担任伴郎并发表演讲！

大脑喜欢有的放矢，所以好莱坞电影法的第一步是给它一个目标：我要从上往下俯瞰自己的表现。这种做法被称为"第三人称视觉呈现"（third-person visualization），对期望的达成非常有用。

以俯视的视角，我看见婚礼上，自己正襟危坐在宴会的主桌旁。在等待发表演讲的过程中，我能清晰地看见每一位宾客。画面是高清的，细节是丰富的，而且生动鲜活。我看见自己从座位上站起来，从容不迫地开始讲话，每一个动作、每一个姿态都很到位。我精心设计的幽默处，也收获了大家的笑声。一切都非常完美。

现在，做好一次演讲这一目标已经在脑海中清晰地呈现出来了，接下来我们进入第二步——大脑已经成功地把整个演讲的前前后后都绘制出来了，那么我们就该以第一人称的视角去构建这次演讲的内容了。要实现这一步，我作为电影导演，要将镜头从原来的鸟瞰视角转换为第一视角，在脑海里预演一遍。我要充分调动各种感官，去体验我想要达到的效果。这被称为"第一人称视觉呈现"（first-person visualization），相较于"第三人称视觉呈现"，它的效力更大，因为我们在调动自己的情绪和感觉去构建一种体验，如同身临其境、身处其中一样。

此时，我们要调动所有感官，把《再见，公开演讲恐惧症》这场电影演活了。我想象自己坐在主桌旁，听见碗碟的碰撞声、嘈杂的交谈声；我看见宾客都身着华服，面带微笑，怡然自得；我闻到食物的香气，还有鲜花和香水的芬芳；我感受到脚下的地板和我坐的椅子的触感。我开启了禅式呼吸法，从椅子上站起来，展示的时刻到了！

我手里拿着提词卡，不慌不忙地询问后排宾客能否听见我的声音。我的讲话会简短一些，暖心一些。我正在体验自己那绝妙的演讲——长度刚刚好，准备的幽默也刚刚好，结尾的煽情恰到好处，大家的掌声非常热烈。

然后我回到座位，给自己灌了一口冰啤酒，使命完成，我终于放松了。心猿没崩溃，什么问题都没有，非常圆满。请记住，在你的好莱坞电影里，你不仅是演员，也是编剧、导演、制片人。只有你能决定下一步要做什么、怎么做，因此你总能编导出最完美的版本。

想象这种画面究竟有什么用处呢？它能给你的大脑编

程，引导身体在具有挑战性的环境中遵循"成功、自信地完成演讲"的指令。大脑是指挥官，身体必须听命行事。通过画面想象，你能让意识，也就是心猿噪声；能让右脑，也就是想象力占据主导地位。你如果已经在脑海里演练得很好了，种种细节也想象得很完备，就可以在还没真正开始的时候预先感受到成功的喜悦！

世界上最好的模拟器不是在世界一级方程式锦标赛赛车队的总部，而是在你的潜意识里。这项技术的关键在于，当你在潜意识里进行预演时，潜意识并不知道想象的场景与真实事件的区别。这一点是有神经科学研究支持的。

想一想你突然从噩梦中惊醒时的感觉：汗如雨下，心跳加速，又惊又怕。可实际上，床还是那张床，什么都没有发生。你的潜意识并不知道真与假的区别，也正因如此，好莱坞电影法才非常好用。我可没有瞎说，科学研究表明，当你在潜意识里想象某个画面时，大脑中执行某项技能的脑细胞和脑回路会被激活，而这些脑细胞与脑回路，恰恰是你在面对真实挑战时需要用到的。

经常正确地练习画面想象的技巧，你的信心会一天一天地增强。信心增强了，你的表现会更好，收获的成功也会更多，这样又能反过来增强你的信心。你会发现自己处于一种正向循环之中，那种感觉别提有多棒了！

一切都会因此变得越来越好。

真正的自信有着持续的生命力。持续的、与日俱增的自信会让你越来越成功，而这些正向的反馈又将使你更加自信。你如同正在盖一幢"自信大厦"，每一次的成功都在为这幢大厦添砖加瓦。等大厦盖成的时候，你已经充分发挥了自己的潜力，实现了自己的目标，把白日梦过成了现实。

如果你的信心持续增强，你就会进入真正的自信之境，在这里，你会与最优秀的人相遇。环顾四周，你会发现有拳王阿里、网球运动员罗杰·费德勒（Roger Federer）、同样打网球的塞雷娜·威廉姆斯（Serena Williams）、赛车手刘易斯·汉密尔顿（Lewis Hamilton）、伦敦奥运会女子 7 项全能银牌获得者杰西卡·恩尼斯－希尔（Jessica Ennis-Hill）这些体育明星，也有丘吉尔、撒切尔夫人、纳尔逊·曼德拉、圣雄甘地、林肯、马丁·路德·金这样的杰出领袖，还有世界上第一位女护士弗洛伦斯·南丁格尔（Florence Nightingale）、发现 DNA 双螺旋结构的罗莎琳德·富兰克林（Rosalind Franklin）、居里夫人、女性飞行第一人阿梅莉亚·埃尔哈特（Amelia Earhart）这些卓越的女性，以及杰夫·贝佐斯（Jeff Bezos）、乔布斯、理查德·布兰森、亨利·福特（Henry Ford）、比尔·盖茨、埃隆·马斯克（Elon Musk）、蒂姆·伯纳斯－李（Tim Berners-Lee）等杰出的企业家们。

这种自信是一种来自灵魂深处的、笃信自己无所不能的力量。有了这种自信，在事情不顺利的时候，你会迅速恢复到一个较好的状态。因为你知道，凭自己的本事是可以跨越障碍的，你也相信能够依靠自己解决困难。这种恢复力，即"回弹力"（bouncebackability），这一单词如今已经被收入牛津英语词典。它会在你的"自信大厦"里，与你过去的成就和荣耀待在一起，而这些成就和荣耀将写满每一层楼的每一面墙。

谁说只有体育明星和历史名人才拥有发自灵魂的自信？你也可以拥有。运用好莱坞电影法，塑造一个在任何情况下都自信满满的自己吧。每一幕都勤加练习，每一个细节都不予放过，你的信心一定会噌噌地往上涨。

◎ 真实案例：夺回身体掌控权的马丁

马丁（Martin）的伴侣玛丽向我讲述了马丁的状况，听上去他已经被现代医学抛弃了。医生告诉马丁，他的身体没毛病，毛病出在"脑子里"。后面你会明白，他的毛病确实在脑子里，但不是医生说的那个意思。马丁康复的故事，玛丽已经讲得很好了。我唯一要补充的是，马丁的康复，功劳全在他们俩，不在我。我很高兴，他手术前能做到的事，手术后依然能做到。而且，他重新骑上了摩托车！一开始，马丁对自己身体的恢复能力并没有信心，因为他的大脑与身体断开了连接。在恢复的过程中，他用到了好莱坞电影法，想象自己骑上了心爱的摩托车……以下是玛丽的叙述。

How to Master Your Monkey Mind
战胜焦虑之旅

2001 年夏末，我和马丁第一次见面。那时我正给他的姐姐做窗帘，他姐姐当时在伦敦，所以让我帮忙把窗帘送到马丁家里去。那年秋末，我又给马丁工作的地方送了另一套窗帘。那天下午，我们一起散了步，吃了晚饭。光阴荏苒，如今我们已经携手共度了18 年。

我从笔记本上整理了以下关于马丁伤病和康复的内容：

- 2001 年，他出现了失聪的问题，平衡感好像也不太好。和医生谈过之后，他做了一次脑部核磁共振。
- 同年 5 月，马丁发现他有一个良性的听神经瘤。
- 10 月，他见了一位神经外科专家，对于这个瘤，专家建议要么任其发展，要么就将其摘除。如果任其发展，瘤会继续扩大，除了已经被侵蚀的听力，还有可能损害小耳道以外的部位，甚至进入大脑。马丁决定摘除这个瘤，并预约了手术。
- 我还记得手术的前一天，我送马丁去医院。他一边和我玩捉迷藏，一边缓缓走向 3 号病房，直至消失。
- 那时我还没和马丁住在一起，但我深爱着他。想到第二天他要忍受长达 8 小时的脑部手术，我真希望这一切都没有发生过。

- 2002 年 7 月 29 日上午，马丁接受了手术。

- 我记得当时我正在上班。我躲在停车场给医院打电话，问马丁的手术做完没有，顺不顺利。

- 他躺在病床上的样子很滑稽：脑袋上缠着纱布，细长的双腿上缠着白色的手术袜。每次我去看他，他都喊饿，站也站不稳，但是很有毅力。我知道，他想让自己尽快恢复过去的体力和意志力，回归正常的生活。他内心有一股无名的力量，不愿向病痛屈服。

- 手术后，他在姐姐那儿住了一段时间，然后回到了原来的生活轨迹。

- 2002 年 9 月 10 日，马丁接受了专家的复查。马丁记录道："感觉不错，平衡感和方向感都在恢复。"

- 讲一讲马丁的工作态度吧。他从早上 8 点持续工作到下午五点半，风雨无阻。他不喜欢别人帮忙，什么都自己做，让挖土就挖土，让钻洞就钻洞，重物也能抬，也不避着自己的头和脚。即便头疼，即便可能受伤，他也都忍着。

- 手术 3 个月后，马丁记录道："10 月 21 日到 25
  日，在诺福克郡帮姐姐干了点儿活。一整天干下
  来，头不疼，但是很累。对这种身体状况我还算
  满意。"
- "11 月，给朋友们干了点小活。除此以外，没什
  么事。"
- "11 月中旬，去看了医生，窦性疼痛真不好受，
  抗生素治疗也没用。"
- "11 月末，开始头痛，尚能忍受。越来越疼。"
- "12 月 12 日，看医生，头痛更甚，转诊大医院。"
- "开始持续头痛，药物也只能缓解，不能根除。
  有的时候特别疼，尤其是早晨。一天得吃三四回
  药。平衡感变差了。工友说我眼神痛苦，但我跟
  他们不熟，不想被同情。头痛要把我击垮了，我
  感到非常疲惫。"
- 往后，马丁就不写日记了。
- 2003 年 2 月 11 日，马丁又约了专家。
- 大概是在 2003 年春天，我搬去与马丁同住。
- 我觉得他这种术后持续头痛的症状得换一种疗
  法。2003 年 7 月 1 日，马丁换了一位医生。
- 这段时间，他开始同时吃止痛药和抗抑郁药物。

他睡眠很差，在床上翻来覆去。有时还用手抱着头，找一个让头不那么疼的姿势。最直观的还是他体重的锐减。疼痛侵蚀着他的身体，消弭了他的肌肉和力量，平衡感也不知道能不能恢复。他很痛苦。

- 即便在这段时间，马丁也一直坚持工作。与其一刻不停地忍受疼痛，不如找点儿活干。他最讨厌小题大做，既不让人插手，也不让人帮忙。好在他的工友们都还算体贴，愿意照顾他。

- 一天早上，在我头一次给麦克弗森打电话的前几周，马丁在工作时晕倒了。他 188 厘米的个子，就像一棵树一样，倒在了建筑工地的灰尘瓦砾中。他的工友麦克给我打了电话，因为他知道马丁不愿叫救护车。我把他带回家，他依旧晕头转向，睡了过去。后来因为他昏迷太久，还是去医院检查了，好在没什么大碍。

- 后来，他话都说不利索了。

- 到这个时候，我感觉得做点什么了。之前我一直替他忙前忙后，想为他分忧，为他承担一点儿压力。我和他的伙伴、工友打招呼，求他们帮忙。为了他能痊愈，能做的我都做了。但他发现之后，却对我大发脾气。可我能怎么办呢？光靠他自己能行吗？这样日复一日下去，我可受不了。

- 我父亲很早就死于癌症了，终年52岁，他明明还有那么多年可活。父亲会自我催眠，想办法对付他身体的痛苦、生活的无助。癌症一刻不停地消耗着他的身体，那种感觉很无助。当时，我陪他参加过催眠课程，确实有帮助。

- 想到父亲的经历，我去图书馆翻黄页，想为他找个合适的心理咨询师，我选定了四个名字。前三个名字我都挨个打电话过去了，都是男性，那会儿出来工作的女性还不多。我想的是得先通过电话考察他们一番，看看和他们交流起来顺不顺畅，他们能不能理解马丁的处境。我知道马丁肯定不喜欢那种照本宣科的心理咨询师，结果前三个还都是这个类型的。

- 可麦克弗森不一样，他耐心地听我讲述，声音坚定，却不居高临下，也从不把自己的想法强加于我。我感觉，他能理解我的处境，也应该会根据个案的需求来调整治疗方案。

- 第一次面询，马丁是忍痛骑车去的。结束之后，他又沿着运河一路骑回来，脑袋变得轻松，心情也很放松。第一次面询，麦克弗森就缓解了他的痛苦，后面的 8 次面询，麦克弗森教会了他如何理解、掌控自己的身体。最重要的是，麦克弗森和他的沟通很顺畅，他相信麦克弗森。麦克弗森很有策略地让他重拾了对摩托车的激情。

- 马丁起初是不太相信这个治疗方法的，要是在以前，他根本不会花时间在这上面。可现在他没有办法，医生、专家也找了，止痛药、抗抑郁药也用了，全都于事无补。吃了这么多药，他的疼痛反而更加厉害了：原本术后的疼痛，再加上吃下去的药物之间互相作用，让疼痛加剧。得有人帮他解除这一团乱麻。这些年来，多亏了麦克弗森的努力，才创造了奇迹。

- 马丁今年已经 72 岁了，还在打壁球，骑摩托车和自行车。他一周工作 4 天，有的时候也偷偷懒。他还是会有轻微的头痛，走路也有一点儿晃，但只要神志清楚，他都能自己处理。神志不清的情况也有，但是不多。要是不工作，他都不知道该拿自己怎么办才好。他依然坚持着惯常的生活轨迹，这对他来说很重要。除了一点儿疼痛，总体上他都精神矍铄。

面询进行了没几次，马丁就向我表示，他决意享受人生，尽快回到没有病痛的生活中。他格外想重拾自己对摩托车的热情。于是，我们使用了禅式呼吸法和持续改进法，让他逐步放松自己的身体，尤其是头部、颈部和肩部的肌肉，逐步把头痛的水平降低到可控的程度。

我给他录了一段音频，让他能够想象回到坐骑上的感受。我让他去听发动机的轰鸣声，想象风从耳边吹过，感受车轮咬着路面、自己戴着手套握住车把的感觉。我让他感受油门和刹车的相互配合，体会摩托车的动感，就像在他胯下起舞。人与车和谐同步，自由驰骋，尽情想象那种快乐和愉悦吧。这就是马丁的好莱坞大片，他是影片里当之无愧的最亮眼的明星。

方法 5

跳出大脑法：如何集中注意力和按需关注

"专心一点儿！"每个人应该都被这样吼过。小孩就更不用说了，时常有人朝他们说这句话。可是你有没有问过自己，到底什么叫专心？专心的字面意思是，"将注意力集中于一件事物或一项任务上"。我想，专心是一门艺术，也是一项重要的生活技能。在这方面，有的人做得好，有的人做得不好。生活中的很多事情能否完成，都取决于你能否做到专心致志。因此，这是一门很有必要学习和训练的技巧。

生活中其实有很多培养专注力的方法，先看一看动物是怎么做的吧。我办公室的窗外有一只叫乔治的猫，我经常看到它耐心地蹲在灌木丛旁边，等着老鼠钻出来。它一动不动，像一尊雕塑，这一定是用了禅式呼吸法，与此同时，它灵动的目光死死地盯着灌木丛。乔治显然已经掌握了专心这门技术，它的态度既严整又从容。决定突袭时，它不思索，不犹豫，全神贯注，当机立断。用这样的态度来做事，结果怎么会差？为了照顾爱鼠人士的心情，后面的事情我就不描述了。

人类也能掌握这门技艺。在那些专业运动员身上，我能看出何为"从容"的专注。看网球比赛时，如果你发现比赛中的一方平静且用心，另一方焦虑而躁动，那你不需要专业知识，就能判断谁更专注。

我与许多斯诺克运动员打过交道，这是一项需要爆发力和专注力的运动。最终能够成为冠军的选手，都是能在比赛的最后时刻，在观众席上数百甚至数千人的注视下，在相隔约 3.7 米的地方，准确地将球击中的人。即便知道电视机前可能还有数百万人在观看比赛转播，他们也不曾因此而分心。可以说，顶尖运动员都是将专注力磨炼到极致的人。若非如此，他们也无法登上运动殿堂的顶峰。

在娱乐行业，也有许多专注力惊人的人。英国一档电视舞蹈比赛节目《舞动奇迹》（*Strictly Come Dancing*）里的专业舞者，能够沉浸于当下的舞蹈，充分调动身体的协调能力和肌肉记忆，调动各种技巧与感官，从而与舞蹈融为一体，创造出完美的作品。

不是只有受过高等教育和专业训练的人才能专注于如此精细的技巧，军队中也不乏这样优秀的士兵。他们在危险地带巡逻时，脚下是废弃的道路，身旁是凌乱的房屋，危机四伏。此时，他们却能准确地判断环境，牢记自己的使命、同伴的行动和位置。一旦有情况出现，他们会越发机警起来，这样才能够保证安全。在体育运动中，如果放任自己分心，运动员可能会丢失比分或者输掉比赛；而如果一名士兵分心，他要付出的代价则往往更为惨痛。

由此可见，在危急情况下，人类是可以立刻进入待命状态、全神贯注的。同样的情况还会在攀岩、操作手术，以及在路上应对突发状况时出现。这时，人们会把所有的注意力集中于眼前的事，因为这是生死攸关的当口，在确保安全之前，每一分、每一秒的注意力都不能分散。

除此以外，日常生活中也有很多专心的时候，比如中学生参加电子游戏大赛时，小孩子拆圣诞礼物时，小狗遇见骨头时……不胜枚举。

相比专心，生活中更常见的是不专心的时候。你可能见过有人开车时换错了道。我还见过有人走着走着撞到了路灯柱，就因为走路不专心，低头看手机。开会的时候或者上课的时候，大家一定都走过神，往往回过神来才发现错过了重要信息。

当你身心和谐时，无须刻意，专心自然而然就会发生。而如果身心不同步，差错就会立马显现。

东方传统的武术观念认为，精进武艺的关键就在于提高专注力。20 世纪杰出的网球运动员罗德·拉沃尔（Rod Laver）曾说："你要专心致志，摒弃脑海中所有的杂念，只想着那个球，只关心那个球，把眼睛粘在球上，和球融为一体！不要让球跑出你的视线，把你的全部身心都放在球上。只要进入这种状态，你就不会感觉到有压力，天地间只有你和那个球。"

读完上面的内容，你可能会想，我又不打算去当网球冠军，我也不是士兵，不需要巡逻，这些技巧对我有什么用呢？其实，专心致志是我能教给你的最重要的技巧。只有做到从容而专注，才能够平静且自信，这需要刻意训练才能毫不费力地驾驭，而这种能力我们都能够学会。你可以说它是科学道理，也可以说是行为方式，或者奇技淫巧，但有一点是确定的：专心致志是心态管理中最重要、最核心的内容，没有它，其他都是妄谈。好在，任何人在任何时间、任何地点都可以学习提高专注力的方法。

在跟网球运动员合作的那段时间里，我听到最多的不是球拍击球的声音，而是教练朝学员们喊的"集中注意力！"。这么喊固然不错，可我怀疑，究竟有没有人教过这些学员应该如何集中注意力？这些孩子又知不知道该如何运用专注力，让网球水平更上一层楼？为了让你掌握专注的能力，从而改变人生，我首先需要解释，当你不专注的时候情况是什么样的。

是时候排除杂念，把注意力集中在当下了。

让我们先来检验一下你当前的专注力水平，为后面的训练找一个基准。

拿起一支笔，握在手里。然后，把所有的注意力都集中到这支笔上，排除所有的干扰，只关注手里的这支笔。现在，请你全神贯注于这支笔，带着所有的兴趣去观察它，打开所有的感官去感受它。触摸它的形状，体会它的存在，逐渐爱上它。它摸起来平滑吗？它是什么颜色的？你能闻到它的木香吗？它的尾端是橡皮，还是削尖的笔尖？

能做到这些，你就已经有了专注力。调动感官的时间越长，对这支笔观照得越深，你的专注力就越强。

还有一个常见的检验专注力的方法，就是观察烛光。观察烛光明灭、火苗舞动的过程能让人平静下来，仿佛进入一种恍惚之境。几分钟后，你的眼部肌肉就会疲劳，这和舞台上的催眠师要你看台上的灯光或他手中的怀表是一样的道理。所以，去找支铅笔或者找根蜡烛，来试一试吧。

我敢打赌，最开始试的那几次，你很容易走神。专注于一项枯燥乏味的事情总是不容易的，但它们对提高专注力来说是非常有效的练习。

影响专注力的主要因素有两种，第一种是外界的干扰。当受到外界的干扰时，你的注意力就会开始涣散。有时候，外界的干扰很容易排除，比如，关掉收音机，去个安静的房间，等等。但有时候情况则不是你能控制的，比如，你正在嘈杂的环境作报告，这时就需要你采取一些积极的做法来集中注意力了。

不管让人分心的是人还是事，不管是有意还是无意的，分心总会让人气恼。遇到这种情况，我有两个建议：一是把自己的全部身心、全部感官都沉浸到你所做的事情中，从而忽略外部的干扰；二是开启禅式呼吸法，保持"观照"状态，从而控制好心猿，也控制好你的情感和动作。

第二种很影响专注力的因素是心猿的声音，这是你可以控制的。你刚拿起笔没多久，你的心猿可能就会说："多无聊呀，一支铅笔而已！"心猿说的也对，确实只是一支铅笔，但我们的用意在别处。要想获得专注，你就必须沉浸于当下。可惜心猿对当下无感，它喜欢沉浸于过去或者担心未来，如果让它一直在你脑子里念叨，那么想要维持专注力就会很难。

要想达到既严整又从容的高度专注，就得管好你的心猿，即让它只关心当下，锚定在此时此地。心猿存在于你的大脑中，因此这个训练大脑的技能就叫"跳出大脑法"。

实训指南

　　想象你的体内有一部升降电梯，上至你的大脑，下至你的脚底。当我的心猿又开始作怪时，我就会想象自己进入了电梯，并按下通往地下室的按钮。按钮亮了，电梯门合上，一个声音（不是心猿）说"下行"，然后电梯就开始运行。几秒钟后，电梯门轻轻地开了。我现在在自己身体的中央，我能听见自己运用禅式呼吸法的呼吸声，就像海浪拍打着海滩，那是一种让人安心的起伏。很快，我就听不见心猿的声音了。

　　我要带自己进行一场身体之旅。从想象自己的右手拇指开始，然后把每一根指头都在脑海中描绘出来，接着想象手掌、手背，然后来到胳膊、肩膀和腿。你尽可以非常细致地去想象。用不了几分钟，你就能建立非常强大的身心连接。此时，心猿的声音会停止，你将成功地跳出你的大脑。

除此以外，还有一些可以让你跳出大脑、专心致志的方法。比如，把全部的精力都集中在你的呼吸上，这个方法也很有效，用的人也很多。这里所说的呼吸，不是我们前面学的禅式呼吸法。禅式呼吸法是呼吸管理，这里要讲的是增强呼吸意识。

找一个安静的地方，让你的意识顺着气息，从你的鼻子进入身体，然后再从鼻子或口中吐出。不需要刻意地去控制呼吸，让它自发运行，自由地选择速度和节律。你只需要观察它，与它同进同出。你的呼吸会把你锚定在当下，因此你的注意力也会自然而然地集中在当下。

和观察铅笔的任务一样，过不了多久，心猿一定会抱怨："这也太无聊了！"别听它的。这个练习确实不简单，但你要记住，难度越大，你获得的专注力就越高。所以坚持下来，好好练习。当你发现自己可以进入那台想象中的电梯，轻松地跳出大脑，或者可以开启你的呼吸意识时，你就能将这个技巧应用于生活中的各个方面，从而提高你的专注力了。

没有人可以时刻保持专注，这显然谁都做不到。但对大多数人来说，需要保持专注的时候很多。有时候，我们需要迅速集中注意力，比如做大型演讲的时候，做重要展示的时候，在繁忙的道路上开车的时候，还有在医院操刀手术的时候……遇到这些情况时，这些方法能帮助你快速集中注意力。

最好的表现 = 才能 - 分心

当一个人真正集中精力于某件事时，他的眼神是温和而放松的，而不是紧张兮兮的。与此同时，他的肌肉也是放松的，是在随时准备进行沉着的行动，而非冲动的爆发。真正的专注并不是死死地盯着某个东西，而是找到一种方法，让你的心猿觉得有趣，从而不打扰你，允许你发挥自己最好的水平。

本节的练习可以帮助你锻炼专注力，在必要的时刻轻松切换至专注状态。建议你多多练习这些技巧，最好每天练上几分钟。当然，生活中有时依然会出现意外或高压情况，需要你临时手动开启专注状态。但只要你勤加练习，应对这些极端情况就不在话下。而此后在其他需要专注处理任务或完成目标的时候，你也会感觉"跳出大脑"、集中精力非常容易。

记住，专心致志是很难长久保持的。你需要沉浸于当
下，排除各种杂念，还要保持这种状态一段时间，以发挥
出最好的水平。方法虽然难，但非常有必要掌握。

来吧，进入电梯，按下按钮吧……

◎ 真实案例：在重大手术中获得平静和专注的朱特利 医生

拉杰·朱特利（Raj Jutley）是一名非常优秀的心脏外
科医生，同时也是一位卓越的拉力赛车手。遇到他的时
候，我正与一些年轻的赛车手共事。我和朱特利医生成了
好朋友，友谊一直持续到今天。他说，心脏手术是医学的
最高峰。不过，我猜神经外科医生可能并不赞同。

朱特利医生在操刀心脏搭桥手术时压力特别大，他问
我有没有保持平静和专注的办法，他也希望把这些方法介
绍给他的手术团队。你应该能猜到，禅式呼吸法和心猿管
理法都能用得上。但对朱特利医生来说，最有用的还是跳
出大脑法。手术台上不允许失败，只有尽快排除杂念，专
注于手上的动作，才能摒除心猿的干扰，顺利完成手术。

How to Master Your Monkey Mind ————————————
战胜焦虑之旅

　　老实讲，在遇到麦克弗森之前，我是不相信那套关于心猿的鬼话的。后来我发现，那个在我手术前坐在我肩头不停唠叨的就是心猿，而我其实也一直在练习驯化它。我意识到心猿其实是一种防御机制，能够保护人类自身。但与此同时，对于那些需要在高压环境下工作的人，注意力是否集中，无疑是影响成败的关键。

　　见到麦克弗森后，他跟我说，我们的面询时间会比较短，但他会很快"进入"我的大脑，于是我们试了试。我脱了鞋，坐在舒服的扶手椅中，屋子里正回荡着背景音乐。我开始想，这家伙连手术刀都没拿，怎么进入我的大脑？可是几分钟后，他就这样进来了，我也搞不懂怎么回事，他就在我的大脑里，向我解释呼吸，解释画面想象，还有心猿。

　　我当时有什么感觉？我很警惕，一开始还有点担心。但是没过多久，我就放松了下来，后来干脆进入了梦乡。大脑的那种紧张感消失了，头部的肌肉也放松了，连额头上的皱纹都不那么拧巴了。麦克弗森用画面想象的方法，呈现了我的儿时记忆，随着面询的深入，他的男中音越发迷人。

那是我人生中很重要的一天，那一天我意识到，要想把事情做好，心态非常重要。如果注意力不集中，将会给我的职业生涯带来严重的后果。我和麦克弗森说好，下次穿手术服之前，我要花 5 到 8 分钟的时间好好洗个手，并借此和心猿谈一谈，让它老老实实待在洗手间，不要影响我操作手术。我学会了将擦洗双手作为驯化心猿的催化剂。现在，如果遇到很棘手的手术，比如，在半夜修复撕裂的主动脉，我会让心猿先保持安静，并在我需要的时候随时待命。我和这位灵长类同胞终于达成了共识！我的专注力和操作手术的精确度有了显著的提高。

你可能会觉得，外科医生本来就会接受提高专注力的培训，但实际上我并没有接受过。也是直到最近，英国的皇家学院才认识到人为因素在手术表现和手术结果中的重要性。

　　驯服心猿并不容易。确保生存是人类的本能，而心猿承担了这项职责，因此每个人的肩上都会坐着一只心猿，对你评头论足，指指点点。不同的只是心猿有大有小、有闹有静罢了。心猿的存在是为了确保我们凡事不至过度，以免伤害自己。心猿的目标需要与你的目标保持同步，只有这样，你才能集中精力，做到最好。同时，你需要把心猿安置在一个安全的地方，不能离你太远，以便随时待命。在麦克弗森的指导下，我学会了让心猿在结果不错的时候祝贺我。你知道吗？有时候，我的心猿说话的语调与麦克弗森如出一辙，这难道不是巨大的成功吗？

方法 6

慢踩刹车法：如何在生活中引入更多的控制

你是否有时觉得自己处在高速公路的快车道上，无法切换到慢车道？你是否常常有一种过于奔忙的失控感？如今，生活节奏如此之快，不论是互联网、社交媒体中的互动，电视里各类信息的爆炸式传递，还是职业发展的需求，种种因素都催促着我们加快节奏。

速度已经成为一种生活方式：更快的宽带，更快的配送，更快的私家车，更快的约会，还有快餐、快时尚……在过去几年里，我明显感觉到生活节奏快了许多。一周周、一月月就这样飞逝，一年倏忽而过，10 年也不过转瞬之间。有时，我感觉自己就像乘坐了一辆无人驾驶的高速列车，真是时光飞逝啊。说起来，我可能会把拉丁文的"光阴似箭"（tempus fugit）刻在墓碑上，这大概是我对生活最真切的感受了。

不过，如果你能够善加利用快速涌来的信息，有办法应对高速的生活节奏，那这种生活还是很让人振奋的。而如果这种强大的紧迫感让你左支右绌，几乎喘不过气来，那你很容易就会感觉生活正在慢慢失控，而这种失控感将不可避免地带来焦虑。

这里需要补充一些背景。生活本身多少都会有点压力。经历过第二次世界大战的人曾经扛起过太多忧虑，他们今天如果听到有人因社交媒体上少了几个粉丝而惊呼"天塌下来了"，肯定无法理解。然而，现代生活有现代生活的困扰，它在很多方面无疑都比过去快了很多，有时似乎有太多的因素在抢夺我们的注意力。

有一部分困扰在于，尽管现代生活可能比 100 年前或者 50 年前更加充实，但我们的大脑却尚未适应。这么短的时间内，人脑还没能进化到可以处理日益增长的需求的水平。在这种情况下，我们的大脑能够应付现在的生活速度吗？我们的大脑具备这样高速运转的能力吗？

答案是肯定的。通过练习，我们是能让自己适应现代快节奏的生活的。大脑是我们身体中最卓越的部件，否则赛车手也没法在两小时的比赛里处理高速飞来的大量信息了。当然，对赛车手来说，要做到这种程度，需要数年的艰苦训练。好消息是，你也可以训练自己的大脑去管理不断飞入的信息，而且用不了很长时间！

首先，我要告诉你一个简单，但十分重要的事实：在管理大脑这件事上，你说了算。身体听从大脑的指挥，而大脑运转的速度则由你来控制。简单来看，我们可以把大脑想象成一台发动机。当然，大脑肯定比发动机更复杂、更聪明，运转速度更快，也更可靠，这个比喻只是为了让我们以更直观的方式了解如何应对快节奏的生活。

如果你脚踩着油门不放，让汽车发动机长时间高速运行，就会非常耗油。就像发动机有可能因汽油过量而淹缸一样，大脑也可能被肾上腺素淹没，越发变得难以平静。如果持续高速驾驶，发动机就有可能受损，甚至导致局部过热、燃油耗尽，整辆汽车都有可能报废。

和发动机一样，如果大脑不被好好照料，后果也是非常严重的。你对汽车尚且要进行年检，对大脑又怎么能放任不管呢？现代社会不乏对身体健康的关注，如健身课、减脂餐、身体排毒法等，可是对大脑的关照却远远不够。

接下来，我继续以发动机为例，讲一讲如何保持良好的心理健康状态。神经科学家告诉我们，大脑有四种"运行速度"，即每秒的循环速度为 δ、θ、α 和 β，均以赫兹为单位。赫兹的数值等于每秒的循环次数。因此数值越低，大脑工作得越慢。如果用发动机来比喻，则相当于大脑有四挡调速。

第一挡：$\delta = 1 \sim 4$ 赫兹

第二挡：$\theta = 4 \sim 8$ 赫兹

第三挡：$\alpha = 8 \sim 14$ 赫兹

第四挡：β=14 ～ 40 赫兹

一个健康、平稳运行的大脑，需要四个挡位无缝切换，这样才能高效运转。比如：

- 集中精力时，大脑处于第四挡（β）。
- 放松或冥想时，大脑处于第三挡（α）。
- 浅睡眠或深度放松时，大脑处于第二挡（θ）。
- 深睡眠时，大脑处于第一挡（δ）。

一整天下来，你大脑的运行挡位是在不断变化的，只是你自己没有意识到罢了。换句话说，你不用刻意去控制，因为你的大脑是"自动挡"。自动挡通常能够顺利运行，但如果你的生活花样太多、太复杂，导致大脑在某个时间选错了挡位，你就会遇到问题。比如，如果保持高速挡太久，你就会感到压力、焦虑、抑郁，产生睡眠问题，等等。

如果你在路上开车，要想改变长时间高速驾驶的状态，那么不管踩不踩刹车，降挡都是必需的，你得主动、迅速地作出反应。对于过度活跃的大脑，原理也是如此。

那么，我们应该怎样手动调低大脑的挡位呢？

方法就是接下来我要教的：慢踩刹车法。

何为慢踩刹车？在介绍这个方法之前，我们需要了解是什么使我们的生活节奏越来越快，这种生活节奏又会带来怎样的影响。先来看几个快节奏生活的例子：不必赶时间，却把车开得很快；匆忙吃饭，只为赶紧进入下一项工作；说话时语速很快，或者只顾自己说而不善倾听；很多应该慢慢享受的时刻却匆忙度过，比如在陪孩子、照顾自己方面总是不能善始善终。社会对"更大、更好、更快"的追求，也在强化着这种快节奏的生活。其实，慢下来，甚至停一停，欣赏你已经拥有的东西，也是一种享受。

当我们习惯某种生活方式后，有时会逐渐为之上瘾。赌博、酗酒都是让人成瘾的行为。可是，我们会不会对思虑上瘾？对心猿的唠叨上瘾？是否有太多的人，生活在对未来无止境的忧虑中？

可惜心猿最不擅长专注于当下，现代生活节奏又如此快速，它只能忙不迭地把你往过去拽，或者引得你去担忧未来。可如果你不把更多的精力花在当下，你就没有真正的生活。对生活，你就只是在忍受，完全谈不上享受！你还记得吗？有些事你只是做了，却根本没有用心，而这些事情是你本就应该好好去做的。

我有一只拉布拉多猎犬，名叫佩妮。我喜欢带它去运河边散步，那里景色很好。可散步的时候，我的心思却不在此，而是在琢磨心猿的话：去发封邮件，去看看汽车税是否过期了，诸如此类。我需要时不时把自己从神游中拽回来。怎么拽呢？依靠我的感官，去听脚踩在碎石上的声音，感受那种触感，看树在风中摇摆，听它发出沙沙的声音，感受温煦的风吹在肌肤上，看佩妮在灌木和草丛中刨来刨去寻找食物，还得注意躲开骑自行车的人。可惜，有些人沉浸在各种思绪中不能自拔，就这样虚掷光阴。他们没有意识到，这样浑浑噩噩地度过一生，其实不算真正地活过。

当我们感到有压力或感觉焦虑时，很容易想要加快节奏，走路再快一点儿，说话再快一点儿。如果你自己不加以注意，速度就会一直提高，就像赛车手在拐弯时没有控制好速度，会被甩出跑道一样。用世界一级方程式锦标赛前赛车手及评论员马丁·布伦德尔（Martin Brundle）的话说，就是"一头撞出一个事故"。在这种情况下，猛踩刹车是不可行的。作用于车和你自身的惯性太过强大，你很难控制住车辆，事故依旧很难避免。

赛车手们在意识到车速过快时会怎么做呢？他们会慢踩刹车。也就是说，轻轻地踩下刹车，让车慢慢减速，既不会让车辆骤停，也不会突然降至低速，而是让车辆慢慢进入一个可控的速度范围内。依照这种方法，你也可以慢踩心猿的刹车，逐步放缓自己的思绪。

如何在生活中运用慢踩刹车法呢？第一步，诚实地看一看你的生活。人类总喜欢把简单的事情复杂化。火已经烧得很热了，为什么还要加油呢？脑力资源是很珍贵的，不要徒增它的负担。放缓节奏、慢踩刹车的一个有效方法就是尽量简化你的生活。

你是否说话太多？你是否总在取悦他人？你是否感觉很难拒绝？你是否觉得有些承诺下来的事情，已经成为自己的负担，可为了不让别人失望，还在勉强支撑？在你做的这些事中，有哪些其实是不必做的？只有你最了解自己的生活和节奏。因此，不如坐下来想一想，和自己开个会，坦诚地面对自己。要记得，对自己好一点儿。

除了生活中具体的事务可以衡量和精简，大脑里的想法也可以简化。脑科学家给出了一个术语，叫"决策疲劳"（decision-making fatigue）。每天，我们差不多要做 30 000 个决策，包括白天穿什么，睡觉不穿什么，还有一天之内各种大事小事。

所有的决策都需要耗费脑力，但人的脑力是有限的。就像健身的时候不能过度消耗肌肉一样，过度消耗脑力也不好。一天内做出上万个决策后，大脑也会筋疲力尽，这种情况下很容易做出冲动的决定。有可能是一拍脑瓜就那么决定了，没有仔细思考后果，也有可能是干脆把事情扔到一边，什么决策也不做。大概正因如此，我在忙完一天的工作之后，妻子简（Jane）问我晚餐想吃什么，我会说："无所谓，你定就好。"做了太多决策的疲惫大脑，到后来很容易破罐子破摔。

当你意识到自己可能过于在意生活中一些事情后，就可以给自己的大脑减负了。少做点决策，让它休息一下。毕竟，生活越简单，我们对大脑的要求就越低。

　　广为人知的正念解压法（mindfullness），其背后的理念就在于要让生活简单化。不过，我不是很理解这个词里为什么会有表示"满"（full）的词缀，明明应该是放空（empty）才对。不过，mindemptyness 听起来也不像个词。既然我暂时想不到一个好的替代词，那么姑且就不细究了。我想说的是，正念解压法和各种形式的冥想一样，都能帮助你慢慢踩下大脑的刹车，让心猿的唠叨不那么频繁。如果能搭配禅式呼吸法，效果就更好了。

　　另一种放慢生活的方式是让自己变得孩子气一些。身为成年人的我们总喜欢把事情复杂化，而透过孩子的眼光，可以让事情简单许多。孩子是很擅长活在当下的，他们似乎凭本能就能忽略或抛却那些不重要的事物，于是在任何时刻都能抓住对他们来说重要的东西。所以，把你内心的小孩放出来吧。把事情想简单一点儿，不要浪费你的脑力。你会发现简单永远是不多不少、刚刚好的。我相信，在简单的事物里，有真正的能量和美，这也正是我所热爱的。

除此之外，你也可以通过感知自己日常行动中的身体状况来慢踩刹车，时不时地停一停，检查一下自己是否活动得太快。我也知道，生活既充实又复杂，不可能什么都慢慢来。你可能会在超市慌慌张张地购物，因为想着一会儿还得去校门口接孩子。但那又怎么样呢？孩子确实得接，但你也确实不必如此匆忙。不如让自己平静下来，在排队结账时放慢呼吸，这并不耽误你去接孩子。

放慢呼吸可能算不上最好的呼吸方法，但是当你在外面的时候，它会是一个很好的临时解决方案。在放慢呼吸的过程中，你可以遏制心猿的一些极端行为。

我自己经历过一些很困难的情况，我知道在那种情况下，人会有多紧张。但我还是强烈建议你，在任何压力下都要尽量慢下来。给自己一些时间，找一个安全的地方，然后再运用本书教你的其他集中注意力的方法。慢下来，把自己放到一个舒适的节奏里，你就能以更从容的姿态，选择自己喜欢的方法，重新掌控局面。

实训指南

以下是一些慢踩刹车、重新控制局面的方法：

检查自己的行为，看看自己是否动作过快。

慢下来，想一想自己是否真的有必要那么着急。

关注自己的呼吸，放慢频率，深呼吸。

条件允许的话，找个地方坐下来，保持几分钟静止不动。闭上眼睛，开启禅式呼吸法。每天坚持这样做。

允许自己胡思乱想，但不要揪住这些想法不放。

如果可能，允许自己今天内不再做决策。

慢踩刹车，继而减少心猿的唠叨，好处远不只是照顾了你的大脑。平稳的心态也有助于你的心脏健康，同时还能增强免疫力，改善内分泌和消化系统。大脑与这些重要的身体机能是紧密相连的，神经科学的相关研究表明，心脏中有数百个神经受体与大脑相连。心脏向大脑传送的信息比大脑向心脏传送的要多，因此你就更应该照顾好大脑，方便它准确解读心脏传来的信息。

肠道等消化系统与大脑的信息交换也是如此。想象你最爱吃的食物就在你面前，你迫不及待地准备开动。可如果这时你突然收到一条坏信息，你肯定立马就没有胃口了。这种骤然的转变仅仅源于一念之间，源于大脑给肠胃发送的信号。而此时，如果你又收到一条信息，上面写着，"刚才的信息发错了，请忽略"，这时你的胃口又会奇迹般地瞬间回来，因为大脑向肠胃发送了信号："没事了，开吃吧。"

慢踩刹车后，你将有时间停下来反思这样一个事实：你担忧的事情差不多有 95% 都不会发生。我有一个朋友说，过去 20 年来，他担忧了几千个问题，其实没有一个真正发生了。你瞧，人生不就是这样吗？

把生活过得简单一点儿、孩子气一点儿，不管做什么都放慢速度，你的生活将会大大改观。即便只是花 10 分钟去练习慢踩刹车法中的一些技巧，你也会变得内心平静，思路清晰。就如心急吃不了热豆腐，着急的事情也办不妥，所以，试试慢踩刹车吧。

相信我，你的大脑会感谢你的。

◎ 真实案例：告别过度劳累和抑郁的罗布

根据我的经验，那些有创造力、工作努力、性格敏感、关心他人的人似乎更容易持续感到焦虑，进而陷入抑郁。我想这可能是一种过度劳累。罗布（Rob）以前就属于这一类人，他很有创造力，现在应该也是如此。但他自己意识不到的是，他的生活节奏太快，大脑超负荷工作，消耗了太多能量，让他感觉越来越累，最终变得抑郁。

和其他有创造力的人一样，罗布的问题在于，即便到了难以负荷的状态，他也没有停下来。要解决这个问题，他需要理解和练习的关键问题其实是"耐心"。在抑郁牢牢地抓住你，使你身心俱疲时，你是很难保持耐心的。你满脑子想的都是要赶紧"正常"起来。对罗布来说，帮助他回归正常最有力的方法就是慢踩刹车法。接下来就由他来讲述这个故事。

How to Master Your Monkey Mind
战胜焦虑之旅

我是一名自由视频编辑。这段经历是我在午休时写下的。当时我手上有好几个大项目，虽说也没什么特别的，但压力确实有点儿大。我得自己编辑视频，再由自己的公司发布。去年我完成了一系列这样的商业项目，现在正要发布最新的一个。我感觉过去的那个自己又回来了，我的自信与日俱增。许久不见的朋友再见到我，都说我变了。

2016 年底开始，我曾陷入一段崩溃的时期。那时，我吃着抗抑郁药物，经常在床上一躺就是一整天。几个月来，我几乎每天都哭。我暴饮暴食，又不运动，还爱喝酒，这种生活方式把我带入了深渊。我明明有那么多绝妙的点子，却无法付诸实践，因为我的状态太糟糕了。我刚从大学毕业，现实就那样沉重地向我袭来，好似一块块砖头，把我拍得稀碎。在几年的挣扎和探索中，我努力想要弄明白自己为什么无法迈入人生的下一阶段。

我抑郁了，大家都看得出来。有一天，我的一位优秀的运动员朋友给我出主意，把我介绍给了麦克弗森。2016 年底，我和麦克弗森进行了一次长达两小时的面询。他先帮助我平静下来，然后安慰我，事情都会好起来的。他非常笃定。那时的我虽然没有信心，但还是决定相信他。在面询中，麦克弗森向我解释了心猿的理念，并让我告诉心猿我目前的状况。他也给我讲了慢踩刹车的方法，帮助我把生活节奏放缓。他给我推荐了一些书，也建议我在家庭医生朱利安·威多森（Julian Widdowson）的指导下逐渐减少抗抑郁药物的用量。

麦克弗森向我保证，他有信心带我回到健康的心理状态。他还专门强调了一点，那就是我得有耐心。从心态的谷底爬回顶峰不是一夜之间就能完成的，我得相信我们能够一起实现这个目标。

接下来的两个月，我经历了"进两步，退一步"的改善过程，后来又发展为"进五步，退一步"。以前有了挫折，我得花好几周才缓过劲来，后来我只花一周，逐渐到三五天，甚至一天就能满血复活。

一年后，我最后一次服用了抗抑郁药物。那时我又开始全职做项目了。我很享受那段经历，顺其自然，不较真，却依然完成了我初次见到麦克弗森时定下的目标。我又恢复了活力。接下来的一年，我继续在这条路上成长，因此才成为今天这个自信、果断的我。

麦克弗森不是治疗师或顾问，但他的方法和建议给予了我力量，让我得以重新管理自己的大脑。我学会了控制自己的大脑，并掌控自己的心猿。在这个基础上，我逐渐开始恢复，从"生存"阶段逐渐进入"发展"阶段。麦克弗森教会了我重新训练自己的思维，推动自己的康复进程，而慢踩刹车法在这一转变中起到了很大的作用。

我还有很大的进步空间。我依然会经历糟糕的日子，但是我可以渡过难关，看到生活本来的面目。我会有丧气的时候，会遇到挫折，会心情低落，但我养成的一系列积极的习惯正在发挥作用，让我在良性循环中一天天变好。初遇麦克弗森时，我的情况很糟，可以说是麦克弗森帮助我走向了成功的人生。我终于可以发自内心地、坦然地说一句："我做得很好。"

方法 7

大脑锻炼法：如何培养更多的脑力

每年一到 1 月，就会有人宣布自己的新年计划，一个赛一个地野心勃勃：少喝点儿酒、少花点儿钱、学一门外语、考驾照、养成散步的习惯，等等。我自己倒是乐于散步，妻子简也说我散步已经够频繁了。

新年计划有上千个，其中最多人提到的应该是减肥。人们总是在 1 月蜂拥去办健身卡，2 月就开始找各种借口不去，到了 3 月，春天还没来，就嚷嚷着要退卡了。社会对外形的关注度非常高，但是有多少人会在新年的第一周告诉你，他的新年计划是"给大脑塑形"？大概屈指可数。

现如今，我们对身材的管理已经很重视了，缺的是对大脑的管理。身体健康固然重要，但如果精神健康水平不佳，生活中就会出现各种各样的问题，即便你跑得很快、你有 6 块腹肌，也逃避不了这些问题。原因很简单，如果大脑不能正常运转，身体就不可能处于最佳状态。如果我们明白大脑和身体同等重要，又怎么会认同那种只关注身体锻炼、健康饮食，却对心理健康和大脑状态不屑一顾的生活方式呢？当然，近几年来，社会对心理健康的关注度在逐渐增加，但还是不够，大脑的"地位"仍远远落后于身体。

因此，生活方面也好，运动方面也好，我们都应该去寻求身体和心理的平衡，去感受、去达到自己最好的状态。我们应该积极地照顾好我们的大脑，这样随着年岁渐长，大脑才会转而照顾好我们的身体。现代科学和对衰老的研究成果，帮助我们大大延长了寿命。世界卫生组织称，抛开疾病和个别恶劣生活条件的影响，2016 年人类的预期寿命已经比 2000 年的预期寿命增加了 5.5 岁。

许多人过于强调身体健康而忽略心理健康，因为身体锻炼的结果是显而易见、立竿见影的。我们的肌肉会更紧

实，体重会下降，精力会更充沛；在内啡肽的浇灌下，我
们的眼睛会更加明亮，头发也会更加浓密。

而我们的大脑处于头骨的保护之中，并不能进入我们
的视野，因此很难直观地看到心理健康带来的有形的好处。
即便大脑内有哪里出了问题，我们也很难立刻注意到。

医学研究表明，如果我们能保持大脑健康，寿命就会
延长，生活品质也会提高。当然，随着寿命的延长，也会
出现一系列的衰老问题，显而易见的是身体问题，如活力
降低、出现疾病等。同时，由于老年人心理健康问题的增
多，全球卫生服务也面临巨大压力。最明显的是，越来越
多的人患上了阿尔茨海默病等脑部疾病。我母亲就是被阿
尔茨海默病夺去生命的。在可预见的未来，这一趋势仍将
延续。

那么，既然已经确定了大脑健康与身体健康同等重
要，我们如何才能改变大脑中正在发生的事情呢？我相
信，你一定听过神经学家把大脑比作肌肉，这意味着大脑
如果一直不用，就会退化。我们都知道要多用脑，不然就
没得用了。可究竟要怎么用脑呢？一般的建议都是做填字

游戏、猜谜语，或者玩拼图。这些都很有用，也确实能够刺激大脑，但是，我们能做的远不止这些。

要使大脑保持良好的状态，我们能做的事还有很多。让世界各地的科学家振奋的是，一些新的技术似乎可以延缓甚至避免阿尔茨海默病等脑部疾病。

那么，除了每天玩拼图或单词游戏，我们该如何精准地锻炼自己的大脑呢？你一定听说过，甚至尝试过有氧锻炼吧？现在，我来给你们介绍一下大脑锻炼法：通过锻炼大脑来改善它的健康状况。

"大脑锻炼"（Neurobics）这个词最早是美国神经生物学家劳伦斯·卡茨（Lawrence Katz）和曼宁·鲁宾（Manning Rubin）提出的。他们是大脑锻炼的倡导者，合作写就了《激活你的大脑》（*Keep Your Brain Alive*）一书。在此之前，人们认为大脑的细胞总量是固定的，生下来有多少，此后就一直保持不变。然而，卡茨和鲁宾的研究表明，大脑与我们身体的其他部分类似，都可以产生新的细胞，这些细胞可以成为大脑整体功能的一个新部分。

所以，大脑锻炼法就是通过产生神经营养素，来刺激大脑自然生长的能力。这种神经营养素又叫"大脑的食物"，它们存在于血液的蛋白质中，能够维持脑细胞的活力，刺激脑细胞的增长。反过来，脑细胞越有活力，我们体内制造的神经营养素就越多。大脑锻炼法就是要让大脑形成这种脑细胞越来越多、越来越有活力的良性循环。

现代生活中，我们所用到的大脑功能可能并不像我们想象的那样增加了，反而是变少了。从穴居时代到今天，有些事情我们做得反而不如从前，这就导致了一部分大脑功能的丧失。

比如，现在我们不需要调动所有的感官了。如今我们主要依靠两种感官：听觉和视觉，这很大程度上是因为我们大多数的体验都是视觉化的。由于生活节奏的加快，我们的眼睛和耳朵在反映现实这方面，比其他三种感官要快得多，因此也更能帮助我们获得应对方法，提供决策依据。和听觉、视觉相比，触觉、味觉和嗅觉就用得少得多了。在原始社会，要想生存下来，嗅觉是很重要的。当老虎靠近时，我们可能先闻到的是它的气味，然后才看到它出现在我们的视野里；此外，我们也需要依靠嗅觉来判断食物是否腐败或有毒。在现代社会，嗅觉成了一种不太被重视的能力。按照神经科学家的说法，气味是我们唤起记忆、调动情绪的最大诱因。因此，每当我闻到某种香水，我记得它的名字好像叫"亲密"，我就会想起多年前我的前女友克里斯蒂娜。

大脑锻炼法鼓励我们以全新的方式使用自己的五感，从而提高大脑性能。简单来说，充分调动五感可以激活我们原本很少使用的大脑通路，快速提升我们的脑力。这就像拿起电视遥控器，指向大脑，将当前处于红色待机状态的细胞切换为绿色运行状态。

衰老带来的一些影响是无法避免的，但神经学科学研究表明，记忆丧失是可以预防的，而且大脑有可能产生新的神经元来改善思维和记忆功能。这就是大脑锻炼法的益处。通过有意识地调动我们的感官，如触觉、嗅觉和味觉，我们的大脑会变得更活跃、更强大、更高效。

神经科学家发明了一个术语，叫"大脑的可塑性"（brain's plasticity），指的是大脑的能力是可以改变的。因此，开启大脑锻炼法何时都不晚。可以说，这种神经可塑性是所有大脑训练的根本和核心，它能够保持我们的大脑健康，让我们哪怕到了暮年，也依然有能力学习新的技能，掌握新的语言和活动能力。

那么，大脑锻炼法究竟要怎么锻炼呢？首先明确一点，训练的场所是在大脑的健身房里。因此你不需要办会员，也不会有大汗淋漓的肌肉男把你比下去。你不用专门找场地，甚至都不用起床。不论何时何地，大脑的健身房都能在你的脑海中搭建起来。

你也不需要找教练，只要按我说的做就好。我会告诉你大脑锻炼法是什么，以及它是如何一步一步让你的大脑更健康、更富有能量的。首先，你需要调动五感。相较于做填字游戏、拼图和数独，有意识地调动其他感官能让你领会到大脑锻炼法带来的好处。

实训指南 *How to Master Your Monkey Mind*

试试看：前一天晚上把你的衣服叠好，第二天起床时闭着眼睛把衣服穿上，注意不要偷看哦。去感受每一件衣服的质感、上面的纽扣或拉链，感受你的鞋子和袜子。通过闭眼穿衣，你摆脱了对视觉的依赖，其他感官的感觉就增强了。你会惊讶地发现，在穿衣的过程中，你比平时更加专注了。你会

感觉到衣服的柔软、拉链的冰凉，还有手表扣上时
"咔嗒"的声音。

闭眼大脑锻炼法还可以用在日常生活的其他活
动中，比如，洗澡和吃饭中。蒙着眼睛吃饭除了能
锻炼你的脑力，还可能让你的食量减少。不是因为
你会吃一半漏一半，而是因为这样你能更准确地感
受到饱腹感，并且停下来。

保持这种触觉，试试换一只手刷牙。刮胡子的
时候也可以用另一只手，但前提是你用的是电动剃
须刀，而不是刀片。发短信或者使用电脑鼠标的时
候，也可以换一只手。我最喜欢的"换手"大脑锻
炼法是用非优势手来写字。这应该是大脑锻炼中最
困难的一项，同时也是益处最大的，因为写字的过
程要非常专心，所以你的专注力会得到大幅提升。
而你应该还记得，专注是所有心理技巧之王。

为什么换一只手就会如此有效呢？众所周知，你的右
脑控制着你的左半边身体，而左脑控制着右半边身体。所
以，当你换到非优势手时，曾经不怎么启用的那半边大脑
就被激活了。就像用调光器来调节室内灯光，"新开的"
灯泡总是要亮一些。

除此以外，把钟、画、日历这类东西上下颠倒，也是很好的大脑锻炼法。听起来很奇怪吧？这么做的原理是，当你通过上下颠倒的图像读取信息时，你左半脑的功能会暂时弱化，你的右半脑会占主导地位。这能提高你的空间感知能力，增强你与周围环境的联系。走在路上时，良好的空间感知能力可以防止你撞到东西；它也能防止你碰掉桌上的东西，确保你的车行驶在正确的车道上，同时能让你对周围的交通状况有更好的把握。不管你处于哪一年龄段，都会经常用到空间感知能力，因此它是非常重要的。

大声读书也能很好地锻炼大脑，因为你会一边看到书面文字，一边听到它的声音，让你的左脑和右脑同时被激活，而默读则只能激活左脑的皮层。

在我大脑锻炼法的清单中，我还想加入冥想。因为冥想可以让心猿所在的左脑休眠，让左脑有机会"停车加油"。事实上，很多神经科学家认为冥想比睡觉更能让大脑得到休息，对心理健康也有促进作用。

音乐也可以用于锻炼大脑。听音乐的时候，如果你处在安全的环境中，最好把眼睛也闭上。这样一来，你会听到更多的音符、更多的细节，对旋律的感知也更加敏锐。而且，闭眼听音乐也会用到更多的脑细胞。

尝试多进行上述大脑锻炼，你的感官将被充分地调动起来，不再局限于视觉和听觉，从而获得全新的体验。这会使你大脑不同区域之间的联系增强，就像锻炼身体给肌肉带来的影响一样，大脑锻炼也会增强你的脑力，让你精力十足。

大脑喜欢新体验，喜欢不断迎接挑战。正因如此，大脑才得以不断进化。大脑锻炼法的核心就在于带大脑走出舒适区，随时迎接新挑战。

在控制我们的老朋友心猿这方面，大脑锻炼法也非常有效。一个更强有力的大脑可以更轻松地应对焦虑和负面情绪，让你能够以更快的速度回到平静的状态。

所以，如果你想要提高自己的专注力，培养愉悦的心情，减少焦虑感，提高创造力，活出有滋有味的精彩人生，大脑锻炼法就是你的良方。不用担心年龄，像我这样的老东西，都还在从中受益呢。

运用大脑锻炼法，给大脑充充电吧！

◎ 真实案例：摆脱惊恐发作的汤姆

我喜欢接待年轻人，尤其是十几岁的青少年。因为我可以帮助他们养成良好的心理习惯，教会他们理解自己的想法和行为，带他们认识自己的心猿，防止他们长大之后出现有害身心健康的想法。

汤姆（Tom）的父亲带他过来向我寻求帮助时，我发现这个年轻人很讨人喜欢，我们很合得来。他很快就能学以致用，能够把我教的各种方法，尤其是大脑锻炼法，用在控制自己的情绪和心猿上。他会在后面用自己的故事证明这一点。

距离和汤姆初次见面已经有 3 年了，我依然和他保持着联系。我教的那些方法在他身上产生了积极的影响，这让我非常欣慰。汤姆的故事让我确信我的工作没有白做。干得漂亮，汤姆！下面让我们看看他自己是怎么说的吧。

How to Master Your Monkey Mind ································

战胜焦虑之旅

　　在我 10 岁的一天晚上，父亲突然病倒了。他动了手术，住院了一周，回来之后康复了 3 个月。虽然父亲后来痊愈了，但这件事还是给了我很大的震撼。父亲刚痊愈那会儿，我终于松了口气，可是几个月之后我又开始不安了，也不知道为什么。

　　在学校，有时候因为一句话或一个画面，我就会惊恐发作。比如，有一天我们在学习家庭成员突发疾病时的应对方法，那个病的症状和我父亲的很像。我第一次感觉到了焦虑是怎样摧毁我的：我感到晕眩、恐慌，不得不离开教室，却并不知道去哪儿。我冲进学校的心理咨询中心，得到了一些安慰，但后来还是没办法继续上课，只能回家。那种感觉就好像精神崩溃的闸门突然打开，恐慌止不住地倾泻而来。

　　另一次惊恐发作，是因为空中救护车降落到了我们学校操场旁边。我去操场和朋友踢足球，却看见一大群孩子挤在从校门到操场的那条路上，叽叽喳喳，兴奋得不行。我问门口的保安发生了什么事，他说：
"镇上有个人病得很重。"我突然觉得那人肯定是我父
亲。我坐在地上，想要平静下来，可惊恐已经向我袭
来。其实病的不是我父亲，而我又被送回了家。

课堂上也是如此，我得很努力才能集中精力，所
以学习效果很不好。我经常感到恶心、头痛、颤抖。
这些症状太过频繁，导致我的出勤率也很差。一学年
里，我请病假的时间加起来有 30 天。后来我意识到，
我不在学校时状态会好一些，因为我能陪在父亲身
边，他是在家远程办公的。但我在学校的那些症状真
不是装的。

我父母很担心，于是通过朋友找到了麦克弗森，
给他讲了我的状况。我之前没有就精神状况的问题
找过任何人，所以也不知道该作何种期待。通过视
频，我向麦克弗森讲述了我的经历和惊恐发作时的
感受。

麦克弗森帮了大忙。他给我讲了两个观点：什
么是心猿，以及心猿是如何失去控制、制造惊恐的。

我给我的心猿取名叫科林。麦克弗森教我要控制自己的想法，而不是直接去控制科林。当我慢慢掌握这些方法后，我保持镇定的能力确实大大增强了。

麦克弗森还教了我大脑锻炼法，真的非常有效。他告诉我用非优势手来打板球、打网球，闭着眼睛穿衣服，还有各种有趣的活动。一开始确实很难，但是随着我的右脑越来越发达，这些挑战做起来也越来越得心应手。我的心猿科林似乎也没那么暴躁了。

现在距离我父亲突发急病已经过去了 4 年，而我已经有一年多不再惊恐发作了。现在科林和我合作得很好，我们能共同平衡我的日常生活。麦克弗森教我的方法，我一直在练习。我也会偶尔联系他，只不过是以朋友的身份，因为在他的帮助下，我已经能够管理好自己的大脑，独立照顾好自己了。心猿管理法和大脑锻炼法改变了我的生活，曾经那些焦虑的日子仿佛一个遥远的梦，一去不复返了。但这段经历我会永远铭记，它也让我相信，日后不管遇到什么挑战，我都有勇气面对。

方法 8

免疫增强法：如何"把自己想得很好"

说到英雄，第一个出现在你脑海中的人是谁？每个人的回答都不同，但有一个名字，我希望大家都能记住，那就是爱德华·詹纳（Edward Jenner）。他是谁呢？

詹纳是一名英国内科医生，曾为乔治四世（King George Ⅳ）工作过。他最大的贡献在于拯救了数百万人的生命，这是前无古人后无来者的。他是怎么做到的？答案就是天花疫苗。18世纪，天花夺走了英国10%～20%的人口，而詹纳发明的天花疫苗使疾病得到了控制。

詹纳不仅降低了天花的死亡率，更让天花在 1979 年彻底绝迹。更重要的是，这一创举大大提高了疫苗在全球的接受度，此后被疫苗拯救的人更是数不胜数。

他的努力还带来了 19 世纪和 20 世纪科学领域更多的突破。如今，疫苗开发、免疫疗法和对免疫系统疾病的治疗都与整个医疗健康系统息息相关；要想抗击埃博拉、艾滋病毒、狂犬病、流感等新出现的病毒和病原体，也离不开疫苗的研发与接种。

詹纳被誉为"免疫学之父"。在 2002 年英国广播公司的一项民意调查中，詹纳入选了"100 位最伟大的英国人"。不幸的是，肺结核夺去了他妻子的性命。很多年后，他的开创性工作促进了结核病疫苗的发展，使其成为世界上使用最广泛的联合免疫疫苗——世界上超过 90% 的儿童都接种了这种疫苗。这样的人，难道算不上英雄吗？

可是，我为什么要在一本关于心态管理的书里提到詹纳呢？原因在于，尽管几十年来争议不断，但现代科学已经证实，在某些情况下，面对某些疾病时，我们是可以把自己"想"得更好一些的。

为了解释得更详细一些，我得给你上一堂科学课，课程的主题是免疫系统。

我们的免疫系统是由遍布全身的细胞、器官和组织所构成的网络，它们作为一个团队能够保护我们免受疾病、病毒的侵扰。免疫系统是我们的物理防御系统，通常又被称为"漂浮的大脑"（floating brain），因为它能够通过化学物质，将信息传递给我们的大脑。

免疫系统细胞存在于皮肤、骨骼、血液和脾脏里，在肺的黏膜组织中也可以找到。你也可以说，免疫系统还包括我们的肺（有黏液能排出细菌）和胃（有胃酸杀死病毒）。当然，还有唾液、眼泪等体液，所有这些都有助于降低我们感染的风险。

免疫系统的第一道防线是阻止细菌和病毒进入我们的身体。如果细菌和病毒已经进入了身体，免疫系统还有一个备用方案：一部分免疫细胞会监视我们的身体，四处"找碴儿"，另一部分则负责摧毁那些对我们身体有害的入侵者。

有些免疫细胞很聪明，它们能帮助我们的身体记住入侵者的模样，下次同样的病毒或细菌就进不来了。这就像停车场入口的电子摄像头，会读取车牌信息，以达到监管的效果。当你的免疫系统检测到外敌的第二次入侵，它会认出这个家伙，然后帮你把它干掉。因此很多病你只要得过一次，以后就基本不会再得了，比如水痘和腮腺炎。

免疫系统强大、智能且超强的适应力，让人叹为观止。我最喜欢杀手 T 细胞[①]，它们就像是我们体内的特种部队，专门负责杀死敌人，铁面无私，绝不偷懒。当你感冒了，或者心情不好的时候，免疫系统军心涣散，很多外敌就会乘虚而入。不过别担心，只要有细胞发现入侵者，就会通知杀手 T 细胞，它们会迅速赶到现场，把入侵者杀得片甲不留。多厉害呀！

你瞧，你的免疫系统的确拥有非常好的生理防御机制。可是，当免疫系统过载时，问题就会开始暴露。过载的诱因有很多，比如疲惫、饮食不规律、压力大等。这

[①] T 细胞（T-cell），又名 T 淋巴细胞，能够在全身的免疫器官和组织中发挥免疫功能。——编者注

时，细菌和病毒很容易越过"岗哨"来攻击你的身体。当免疫系统状态不好时，体内炎症就会增多，你也会更容易生病。

要想活得长久、活得健康，免疫系统是非常重要的。那么，我们该怎样帮助免疫系统，使其处于最好的状态呢？众所周知，锻炼、良好的营养和高质量的睡眠都有助于增强我们的免疫力。如果真的生病了，现代医学还能救我们于水火之中，况且还有疫苗可以防患于未然。但是，在此之前，我们能不能做点儿什么呢？我想答案是肯定的。

稍等，还有一些知识需要解释。我们的自主神经系统（ANS）能够控制和调节呼吸、消化、血流和心率等不受意识控制的身体机能，同时它也是控制我们或战或逃反应（flight or fight response）的主要机制。

多年来，人们一直认为我们不可能控制自主神经系统。但随着更多研究和实验的展开，我们发现事实未必如此。一些医学数据表明，我们可以，并且应该影响我们的自主神经系统。

了解自主神经系统对我们有什么帮助呢？事实上，我们的自主神经系统是可以与免疫系统交流的。有权威研究和证据表明，高度集中注意力可以为我们的免疫系统带来积极影响。通过集中注意力，原本会削弱免疫系统的炎症标志物将大大减少，更多的细胞会向杀手 T 细胞发送信息，杀手 T 细胞会赶来消灭病菌，甚至细胞衰老的速度都会因此得到延缓。

为了化繁为简，我就不拿数以百计的参考资料和学术文章来唬你了。只需讲一个现实生活中的例子，你就能明白，单靠"想"，你就能促进身体的健康。现在，有请我们的"冰人"登场。

维姆·霍夫（Wim Hof）是荷兰的极限运动员，曾创下过 20 多项吉尼斯世界纪录。

他在只穿着短裤和凉鞋的情况下攀登了珠穆朗玛峰和乞力马扎罗山；在滴水未进的情况下跑完了马拉松全程，当时气温高达 50℃；还曾在冰封的水面下创造了游泳记录。他对冰有极强的耐力，可以全身直接接触冰，因此人们亲切地称他为"冰人"。

因其独特的身体素质，霍夫成为几项科学研究的对象。其中一些研究已经证实他有能力通过增加心率和肾上腺素水平，来控制免疫系统，从而影响自主神经系统。据霍夫本人说，他专注于三个核心要素：在严寒条件下大量的暴露训练、特殊的呼吸技巧和高度集中的注意力。这产生结果是，他身体中的炎症和疾病显著减少了，身体也更健康了。

如果"冰人"的例子还不足以说服你，那我就要搬出美国威斯康星大学麦迪逊分校的心理学和精神病学教授理查德·戴维森（Richard Davidson）了。据我所知，他没有创造过任何一项吉尼斯世界纪录。

戴维森教授说，保持健康最好的方法就是勤洗手、常锻炼、合理膳食。

最新的研究结果表明，大脑活动和免疫系统之间是存在直接联系的。值得注意的是，有证据表明，集中注意力可以产生更高水平的抗体，从而对大脑和免疫系统产生显著的积极影响，使人体更不容易受到疾病侵害。

那么，我们该如何具体运用这些知识呢？

问题的关键在于，我们该怎么依靠"想"，来让自己变好呢？我们能调控自己的免疫系统吗？答案是肯定的。

这个结论不仅基于科学研究，还源于我 25 年来服务过的上百名来访者的亲身经历。接下来我简单介绍一下，我是怎样想到把这个方法加入我的心理训练方法库里的。

在与国际运动员多年合作的过程中，我注意到越来越多的人都在抱怨他们会在旅途中，尤其是长途飞行中患病，还有人总在马上就要比赛的时候恰巧患上感冒。生病自然会影响发挥，所以他们很想知道，除了多补充维生素、多锻炼、合理膳食、保持充足睡眠以外，还有没有什么办法能够帮助他们保持健康。

于是我开始研究免疫学，尤其关注免疫系统的可塑性。通过多年的研究，并和这一领域的医学工作者交谈之后，我有了这样一个想法：也许可以让我们的大脑跟免疫系统谈谈，敦促后者工作认真一些，在必要的时候加强防卫；甚至在我们需要额外关注身体的某些部分，或仅仅想提高身体素质时，引导免疫系统往那里多调些兵力。

我开始与几位知名的赛车手、高尔夫球手和网球运动员进行实验，他们会定期飞往世界各地参加顶级体育赛事。

就是在这个过程中，我想到了免疫增强法。

我请这些体育明星想象免疫系统在他们体内的样子——具体怎么想任由他们发挥，然后开始与免疫系统建立更好的关系。我让他们着重学会在脑海中想象免疫系统火力全开去工作的样子，想象免疫系统什么疾病都不怕、把身体保护得健健康康的样子。而通过这么做，他们确实能唤醒自己的免疫系统，让其处于高度警戒的状态。

认同我这个想法之后，他们会在大型比赛之前练习这个方法。我们很快发现，一般情况下，每天坚持练习的效果最好。此外，在长途飞行之前也要刻意练习。我还录了一段音频，取名为"和你的免疫系统谈谈"，帮助他们更简便、更高效地进行练习。很快，我就收到了一些振奋人心的反馈。来自不同背景的来访者告诉我，他们感觉这个方法确实有效。

随着研究的逐渐深入，我意识到原来我父亲也琢磨过心态管理与免疫系统之间的关系。我父亲是一名医生，从来只在圣诞假期生病，他认为是因为这个时候，他的免疫系统松懈了，让疾病有了可乘之机。你有过这种体会吗？你有没有过刚好赶在节假日生病的时候？对此，我父亲想出了一个办法，在假期里，他也要工作一会儿。我想，这就是为了迷惑他的免疫系统，让免疫系统以为现在还没有放假，还得老老实实地站岗！

我的免疫增强法音频主要有以下这些内容，你可以根据自己的需求进行增减：

- 坐下或者躺下。
- 给自己找一个舒服的姿势，然后保持不动。
- 开启禅式呼吸法，把呼吸放慢，再放慢。
- 环境允许的话，闭上眼睛。
- 现在，开始想象你的免疫系统：它遍布你的全身，但它的总部在哪里？在你的胸部？还是在你的心脏？又或者在你的胃里？你可以自己选择你的答案。我会想象总部在我胸部正中。当你决定它的位置后，就可以想象它的画面。

- 这就是你的总指挥室。细胞军团的指挥官和士兵就在这里观测你的健康状况，随时防备外敌入侵。还有一部分常规军在体内各处 24 小时不间断地巡逻，遇到可疑情况就会报告给总部。

- 当常规军发现异常，比如喉咙疼、咳嗽、有炎症，或者流鼻涕，情报会紧急传给总部，寻求支援。在这个过程中，速度是第一位的。

- 总指挥官接到信号后，会派出特种部队前往该处。特种部队就是你的杀手 T 细胞。它们会带着"摧毁敌人"的命令，直奔事故地点。你能在脑海中想象这幅场景吗？

- 其余的部队也被调了过来，用于清理战场。你能看到，刚才引发不适的地方，现在已经干干净净、健健康康的了。你会怎么想象这部分内容？给它换一种颜色怎么样？之前喉咙有炎症的时候是红色，现在变成了干净纯洁的白色。

- 最后一步是想象危机已经消退。你的免疫系统胜利了，细胞们正在欢庆！

你需要好好集中精力，才能把这些内容想象出来，但
这个过程也会很有趣。想过一遍之后，下次要想就很容
易了。

最好能够每天练习这个方法，尤其在你需要全力以赴
做某件事的时候，比如在工作中做一项重要的报告之前，
或者在学校考试之前。此外，婚礼在即，或者准备出去度
假，需要确保不会生病的时候，也可以用到这个方法。换
言之，在人生中任何不想出差错的大事之前，你都可以试
试免疫增强法。

我是这个方法的坚定信徒。

你知道吗？在不能得病的重要场合，我几乎是从不生
病的。这个消息应该对你有所鼓舞吧。在那些"非保持健
康不可"的时候，我是否真的在和自己的免疫系统说话？
在我踏上飞机的那一刻，我是否真的在发出指令，让我
的"部队"保持红色警戒？我想的确是这样的。我自己的
经验以及许多来访者的反馈告诉我，这个方法是很有价
值的。

不过，免疫增强法目前还在不断精进的过程中，我也必须说明，这个方法不能替代传统的药物治疗。这个方法对于有些状况是无效的，毕竟目前世界上有的疾病是现代医学也无法医治的。所以我一定要再三强调，专业的医疗问题需要找专业的医生去解决。

在这里，我想告诉你的是，免疫增强法既没有成本，又容易上手。当你不想生病的时候，为什么不试一试呢？就算没用，你也不会有所损失。

◎ 真实案例：用意念疗愈免疫系统疾病的薇姬

我头一次见薇姬（Vickie）的时候，她明显状态不好。同时我也能看出来，虽然这段时间日子她过得艰难，但她依然保有自己的智慧、毅力和个性。下面的自述中，她已经把自己的故事讲得很清楚了，但我想补充的是，她的经历鼓舞了很多人，包括我自己。在康复的过程中，她展现出了难得的幽默和决心。整个过程中她用到了好几种方法，其中最重要的非免疫增强法莫属，这是她的白银战士！

战胜焦虑之旅

我颤抖着双腿走进浴室，按着冰凉的洗脸池不断咳嗽。一口鲜红的血溅在洁白的水池里，格外刺眼。医护人员来了，我晕了过去。

接下来的几小时里，我的意识断断续续。在模糊、嘈杂和混乱中，我意识到我在医院。

在强化治疗室，医生给我上了生命支持系统。我多个器官衰竭，昏迷了 9 天才醒来。呼吸机的管子插入肺里，让我说不了话。我只能转头、稍微抬抬胳膊，其他地方根本动不了。我本来就虚弱，再加上身上插满了管子，我感到身体很重。一根鼻饲管把流食从我的喉咙直接送到胃里。我的肾脏在透析，插入颈部的导线控制着心脏的跳动。

几年前，我被查出了一种复杂的自身免疫性疾病，它发展得非常迅速。过度活跃的免疫系统攻击了我身体的健康组织，导致我肌肉无力、重要器官衰竭。药物虽然能维持我的生命，但给我的精神造成了严重的损害。有一次，我趁自己清醒的时候，问医生："我还有多大的概率活命？"

医生说："一半的概率吧，再多我就不敢保证了。"

我在强化治疗室里待了快两个月，还是无法自主呼吸。于是我被转到肺部专科医院，准备逐步拿掉呼吸机。因为要离开熟悉的环境、熟悉的医护人员了，我感到非常焦虑，这种焦虑感让我又一次感染了，于是在强化治疗室里多住了一周。

后来，我慢慢地恢复了自主呼吸。到6月中旬，我已经可以坐轮椅出门了。3个月以来，我的肌肤头一次感受到了微风的触摸。病情稳定后，我转回了本地的医院。虽然依然坐不起来，没法自主进食或擦拭身体，但我的力气正慢慢恢复。我学着自己拿杯子，自己刷牙，5个月以来第一次迈出颤颤巍巍的步子。

在医院住了6个月以后，我终于可以坐着轮椅回家了。这个时候，我的体重只有以前的一半，都快不认识自己了。

我很小的时候，就非常独立、自信、精力充沛、爱玩爱闹、爱比爱拼。我当过运动员，还当过公司的高级经理，负责数百万英镑的业务。可是现在的我却站也站不直，走也走不了，没法自己进食，也没法自己洗澡。我头发稀薄，看起来毫无生气；身子太过瘦弱，连衣服都挂不住；可是脸和四肢却因为服药而肿胀。

长期住院对我的精神也造成了损害，我的大脑慢慢开始明白事情的严重性。那些扭曲的噩梦不断在我脑海中闪回，痛苦和恐惧一遍一遍折磨着我。我为过去的生活感到悲痛，对这所有的不公感到愤怒，也被这病痛摧残得毫无还手之力。每当听说有类似自身免疫性疾病的朋友和同事去世时，我都会被一种幸存者的内疚感压垮。

进步是缓慢且艰难的。

12 个月后，我能下地走几步了。除了中途又感

染了几次需要去医院，最坏的那段时间已经过去，我
准备迎接正常的生活了。这个时候，我的脸和胳膊出
现了一些不熟悉的、短暂的刺痛，我没怎么注意，我
想反正一切都在变好。

出院一年之后，我的右眼突然看不见了。随后
的检查和神经学评估显示，我的颈动脉完全被阻塞，
我经历了一系列小中风，其中一次发生在右眼的视
网膜中央动脉。这只眼睛的视力大概永远恢复不
了了。

好不容易经历了几个月的改善、几个月的进步、
几个月的希望，现在却来了这样一个晴天霹雳。我受
的苦难道还不够多吗？焦虑和恐惧如潮水般涌来，我
患上了惊恐症。

好在，有人向我推荐了麦克弗森，说他是"在自
主水平方面最好的干预者"。尽管我知之甚少，但是
发一封求助的邮件又不会损失什么。第二天，我有
救了。

"援兵已经上路。"麦克弗森回复道。事情终于有了转机。

第一次咨询之后，我终于对未来有了一点儿信心。

为了见他，我得开 4 小时的车，还得在外面住一晚，这对常年住院的我来说本来就是一个很大的挑战。不过麦克弗森热情、温柔又幽默，我一下子就被他打动了。他制订了一个计划，第一步就是让我"见见"我的免疫系统。

我的免疫系统是什么样的？

我第一反应是把它想象成一个黑暗、阴险又狡诈的存在，潜伏在阴影中，等着在我不经意时给我一击。

麦克弗森又问我，我希望自己的免疫系统是什么样的？

我希望它高大、强壮、善良，有同情心，能保护我，穿着银色盔甲，就像我的白银战士那样。

167

为了把这个全新的免疫系统植入我的潜意识，麦克弗森将我催眠，让我进入一种深度放松的状态，当时感觉非常舒服，仿佛获得了解脱。从那一刻起，直到今天，我的免疫系统都是我的白银战士，给我温柔而有力的保护。

麦克弗森也带我认识了我的心猿，它已经变得活跃而任性，时常用各种负面而令人恐惧的想法轰炸我，让我惊恐发作。好消息是，我的心猿和我的想法都是可控的。麦克弗森教会了我正确的呼吸技巧，我可以借此来触达我的白银战士和心猿。

结束咨询之后，我有了计划，有了目标，也有了勇气。

在回家的路上，虽然非常疲惫，但我依然意识到，深刻的变化正在发生。我感觉不管是精神上还是身体上，我都更有力量了，掌控感变得更强了，心情也更放松了。这种感觉我已经一年多没有体验过了。

面对着镜子，我认出了自己，我又回到了过去的那副皮囊里，我高兴极了，也更加自信了。我开始学习新的技术和语言，通过全身心的投入，我感觉自己受益匪浅。

当然，前路也会遇到坎坷。我的心猿有时候又会回到那种讨厌的状态，让我不知所措。不过，在麦克弗森的指导下，我的身体和精神都变得越来越强大，那种失联感逐渐消失了，我找到了新的自我。在新的自我的驱动下，我甚至重新开始开车了。我的生活有了乐趣，我开始享受自己的生活。

和慢性疾病共存，难免会有起起落落，但进步也是有的。对我来说，可能不存在一个"瞧，我痊愈了"的时刻，但是，我确实学会了把生活过得更充实，更令人满足。我现在健康状况很稳定，身体更好了，心情也更好了。我的免疫系统白银战士一直守护着我、指引着我、鼓励着我。在我的想象中，它的嗓音和麦克弗森一样。它能帮助我适应环境，接受现实；它让我知道，不管发生什么，我都有办法应对。我真的很感谢麦克弗森，能遇见他是我的幸运。

方法 9

睡眠改善法：如何醒来就感觉神清气爽

睡眠对我们的身体和心理都有重要的影响。睡不好的话，人很容易崩溃。美国喜剧演员菲尔兹（W. C. Fields）说过："治疗失眠最好的方法就是多睡。"他说的还真没错。

失眠是个古已有之的问题，无数人都受过它的困扰。越睡不好，就越担心睡不好。成天都想着要好好睡一觉，可到了晚上还没进卧室，就开始焦虑。等到脑袋挨上枕头，就开始想白天的事，想明天的事，想失眠的事。想这想那，甚至想，自己怎么那么多想法呢？

于是，你又没睡好。第二天醒来，心情不好，精力不济，做决策的能力也下降了。于是压力更大，生活变得一团糟，躺下之后，要琢磨的事情更多了……就这样反反复复，恶性循环。要是能好好地睡上一觉，该多好啊！

每个人都有失眠的时候，但很多人并不知道失眠对我们身体健康和精神健康的影响。头一天晚上睡不好，第二天就会很累，而且烦躁易怒。不知道你的情况如何，我要是没睡够 7 小时，脾气就会变得非常差，注意力也很难集中。

偶尔一天睡不好还好说，连着好几周睡不好，问题就大了。好几天晚上睡不好之后，低质量睡眠的恶果会叠加，严重影响你的精神健康，让你糊里糊涂、健忘、决策力下降、注意力涣散、心情不佳、疲惫、感到压力，甚至行动迟缓。

英国国家医疗服务体系（National Health Service，NHS）称，长期失眠很容易诱发更严重的疾病，如呼吸系统问题、心脏病和糖尿病。英国国家医疗服务体系还指出，睡眠时间不足 7 小时的人与睡足 7 小时的人相比，更容易有肥胖问题。这是因为睡眠不足的人瘦素（一种让你感到饱胀的化学物质）水平会降低，而食欲刺激素（一种让你感到饥饿的化学物质）水平会升高。

数据还表明，睡眠不足会使焦虑和抑郁的风险增加，甚至连寿命都有可能缩短。除了这些长期影响，短期内，睡眠不足可能会使免疫力下降。如果你总是咳嗽，很容易感冒，睡眠不足可能也要承担一部分责任。

通常来说，我们人生中有三分之一的时间都将花在睡觉上，可见睡眠问题有多么重要。这个时间实在是太长了，就我目前的年龄来看，相当于一下扣去了我人生中的 23 年。据我所知，只有丘吉尔首相、撒切尔夫人以及马和大象可以一天只睡 4 小时。马和大象第二天通常没有重担在身，少睡一会儿也无妨。可丘吉尔和撒切尔还得处理公务，还得选举，他们有各种各样的重要决策要做。

真不知道他们是怎么做到的。我禁不住想，如果他们把睡眠时间加倍会发生什么变化？世界会不会变得更好？开个玩笑。

刚刚说到，睡眠占据了我们一天三分之一的时间，因此，如果睡不好，生活中会有很大一部分时间是糟心的。

如果你的睡眠习惯不好，请放心，不止你一个人有这个问题。世界上各种研究和调查表明，越来越多的人正受到睡眠时间不足的困扰。

像这样的研究有很多，一个比一个学术，不过我只举一个例子，那就是英国心理健康基金会（Mental Health Foundation）的一项调查，这个基金会是英国规模最大的睡眠习惯研究中心。调查显示，36% 的英国人患有影响健康的慢性失眠症，其中 80% 的人失眠时间已超过两年；能够称得上"睡眠较好"的人只占总人口的 38%。

尽管医学已经证实缺乏睡眠会导致各种问题，但大家对失眠问题的重视还是不够。我的一位来访者曾因失眠去看医生，医生说："别担心睡眠问题啦，没多大事儿！"这种回应，往轻了说是不近人情，往重了说是害人不浅。

整个社会对失眠问题都不够重视。只要有人说自己有睡眠问题，他得到的建议一定都是大家从老掉牙的故事里听来的。有的还算有点科学依据，有的则完全是无稽之谈，总的来说不仅没什么帮助，反而还可能徒增入睡时的压力。

根据我自己的临床经验，我认为睡眠问题是普遍存在的。过去 20 多年来，向我抱怨睡眠问题的来访者越来越多：有比赛前夜无法入睡的世界一级方程式锦标赛赛车手，有手术之前彻夜难眠的外科医生，还有在准备大型电视节目的主持人、即将参加考试的学生，等等。如果睡不好，他们就没办法发挥出最佳水平。

因此，睡个好觉很有必要，人们的睡眠问题也很值得重视。如果能够睡个好觉，效果是显而易见的。问题是，我们要怎么做，才能获得 7 小时的酣睡呢？

对于睡眠改善法的讲解，我把建议分为两部分。第一部分是一系列明确的规则，我们称为睡眠习惯，在这里有必要强调一遍。第二部分是我个人总结出来的睡个香甜好觉的方法，其中用到了睡眠心理的知识。

好的睡眠习惯能够增加你获得良好睡眠的概率。有的规则我们都清楚，比如下午不要喝含咖啡因的饮料，虽然具体从几点开始是个人选择，但最好不要晚于下午三四点；饮酒确实可以让你昏昏欲睡，但是夜里睡到一半，酒精的作用消退，你会更容易早早醒来；晚上不要看恐怖电影或让人亢奋的电视节目，睡前最好不要使用电子产品。

晚上吃得太多也容易影响睡眠质量，因为当你试图入睡的时候，你的消化系统还在忙着工作。确保卧室没有灯光和噪声也能够使入睡变得更加容易，而且操作起来也并不困难。

花一些时间，看看你的日常生活中有哪些可以改进的地方，然后行动起来，不要放过获得美妙睡眠的机会。

如果你已经很注意睡眠习惯，睡觉之前的各项活动也安排得很好，那么我们接下来就要运用睡眠心理的知识，让自己的睡眠质量更上一层楼，让自己精力充沛、活力满满地醒来，准备好享受新的一天。

睡眠心理的关键在于理解我们为什么要睡觉，我们为什么睡不着。思考的方式对了，进入梦乡就不是问题了；而思考错了呢，则容易徒增心理负担，辗转难眠。理解自己的睡眠心理，能够帮助你理解自己为什么睡不好，当这方面的意识增强之后，你就可以为自己量身定做相应的策略，从而改善你的睡眠，改变你的人生。

为了加深你对自己睡眠心理的理解，你首先得搞清楚自己每天睡觉的时候，身体究竟是怎么运作的。许多年前，人们以为睡觉就是进入"关机"状态，几个小时后再重启。然而，现代科学告诉我们，睡眠的过程其实很复杂，分为好几个层次，也就是所谓的睡眠周期。

睡眠周期分为四个阶段。第一个阶段是浅睡眠，在这个过程中你很容易醒来，但几分钟内你的眼动就会减慢。第二阶段你仍然睡得很轻，但脑电波开始变慢。第三阶段，深度睡眠开始，你的脑电波会变慢，眼部运动或肌肉活动会停止。这时你不容易醒过来，身体对外界刺激的反应也会减弱。第四个阶段是所谓的快速眼动睡眠（REM），大概会在入睡后的 90 分钟出现，每个快速眼动期大约持续 1 小时，成年人每晚会经历五到六个快速眼动期。

那么，我们可以运用睡眠周期来改善我们的睡眠吗？简单来说，可以！举个例子，我的祖母罗丝·邦德（Rose Bond）在睡觉时似乎有魔力。她睡得很沉，像木头一样，每天早上起来都很开心，精力充沛。而且，她从来不需要闹钟。如果她需要在早上 7 点起床并完全清醒，那么她就会命令她的大脑，在 7 点的时候唤醒她的身体。她说，她每天晚上上床的时候，会在脑海中规定一个她想要"高高兴兴起床"的时间，然后闭上眼睛，进入梦乡。据我所知，她这一招屡试不爽。多年后，在与形形色色的入睡困难的来访者进行无数次交谈后，我意识到，祖母用的给大脑下命令的方法确实非常好。

接下来我要谈到睡眠问题的核心了。你觉得核心问题出在哪里？没错，就是心猿。问题的关键就在于，你想要睡觉的时候，心猿还忙着呢。很多来访者都跟我说过"我脑子里不停地想这想那""我睡不着，光担心各种事"，诸如此类，这些都是心猿不合时宜的躁动。当然，除了心猿，还有一些影响睡眠质量的因素，比如疾病、疼痛、呼吸问题等。

如果你患有慢性失眠症，建议你和医生谈一谈。和医生交流是有好处的，如果确实需要帮助，不如把你的问题说出来，医生会有很多解决的办法，包括借助药物。

如果你已经很注意睡眠习惯，又没有上述的健康问题，但还是睡不好的话，那就只能是心猿的问题了。

心猿很容易在你入睡时伏击你，因为此时你就像一只待宰的鸭子，躺在床上，闹不出什么动静，除了旁边可能睡了个打鼾的人之外，没有什么能转移你的注意力了。戴上耳塞，鼾声就听不见了，可心猿却依然在你耳边喋喋不休……

我的心猿很早以前就开始干涉我的睡眠了，所以我知道睡不好有多么让人身心俱疲。2008 年的时候，我的工作节奏非常快，感觉很难拒绝别人，也很难踩下刹车（详见慢踩刹车法）。不仅工作忙，那时我的家人还生了一场病，我实在是一筹莫展。这么多事情赶在一起，对心猿麦克来说，也是难以承受的吧。于是在忙碌了几个月之后，有一天晚上，我彻底失眠了。

渡过这段艰难的时期后，现在我要入睡，麦克已经很配合了。但晚上如果起夜，回来之后就很难睡着。这时，我会在心里和麦克进行这样的对话：

　　麦克：嘿，老兄，我想跟你谈谈明天的咨询……对了，你说要发邮件给会计的，发了吗？

　　我：总不能现在发吧……

　　麦克：就现在发吧。趁这个机会，我多问一句，你税钱交了吗？太太简的生日礼物买好了吗？

　　我：你给我闭嘴！

　　我（心里想）：现在要是不让麦克闭嘴，我后半夜别想睡了……

整个过程会反复好几遍。

　　根据多年以来来访者的反馈和我自己的经验，我得出结论，心猿要想毁掉你的睡眠，主要会从以下三个方面入手：

- 为了让心猿闭嘴，让它"放"你去睡觉，你花费了太长的时间。
- 半夜醒来，要花很久才能让心猿允许你重新进入梦乡。
- 因为各种原因醒得太早，这时心猿就会说："别睡了，反正也快到起床的时间了，睡了也是白睡。"其实你明明还没有睡够。

好消息是，问题虽然有三个，解决方法却是一招通吃。下面介绍的这几个方法，都可以用来解决这三个问题。

首先我得替心猿说句话，它做这些，也是为了保护你的安全。我们前面讲过，当你的生活节奏加快，心猿会感觉有些应接不暇，于是只好侵占你的睡眠时间，来试图寻找解决问题的办法。只可惜，这样只能适得其反，所以要想睡得好，就得把心猿管理好。

要想听不到心猿的声音，只有当你的意识彻底退出，你真正进入梦乡时才可以。这时，潜意识——你的守夜人开始接管你的大脑，确保你呼吸正常、心脏跳动，协调消化系统等各类身体机能。差不多 7 小时后，守夜人就要交班了，你醒了，心猿的声音又出现了。

那么，当我们想睡觉的时候，怎样才能劝心猿快点交班，让守夜人早点过来呢？办法就在于，你不仅要在白天管理好心猿，晚上也是一样。别忘了，大脑原本的安排就是要在该睡觉的时候去睡觉，你的需求和大自然的规律是吻合的。现在，在了解了睡眠心理之后，你该怎么做呢？

实训指南

为了在入睡时让心猿闭嘴，你可以把睡眠习惯的各个方面都做好，借此告诉心猿，现在由你主导，你打算好好睡一觉，才不管它怎么闹。

我会建议使用禅式呼吸法，或者练习任何一种冥想方式，比如读书、听舒缓的音乐、看一些自然类的电视节目……具体选择哪种方法不重要，关键是要尽可能地让心猿平静下来。通过在睡前一步一步实现对心猿的掌控，它会逐渐放下戒心，在你躺下的时候，和守夜人顺利交接班。如果你上床的时候，这只心猿还是躁动不安、不服管理，要想入睡就难了，因为睡眠是平静的舞蹈，而非摔跤和较量。

脱衣服、刷牙、穿睡衣的过程，要不慌不忙，这样你才会感觉到是你在掌控睡眠的节奏，而不是心猿。你要刻意营造一种平静、放松、自信的肢体语言，向心猿释放强有力的信号，告诉它一切都好。选择你喜欢的辅助睡眠的方式，可以戴耳塞，也可以戴眼罩，只要能屏蔽外界干扰，让你更容易地进入睡眠即可。

现在，你躺在床上该睡觉了。你完成了所有睡眠习惯要求的操作，你应该有信心能够睡着。接下来我们可以加入一些关于睡眠心理的知识了。

如果你是带着杂乱的思绪上床的，那么是时候把它捋一捋了。具体的做法就是让思绪简单化。我建议你就用这三招：别勉强、禅式呼吸法和好莱坞电影法。

第一招是别勉强。听起来可能有点奇怪，但事实就是，当你努力想睡觉时，很容易睡不着。所以第一步就是别那么努力。你只需要顺其自然，睡眠就会找上来，因为人到了那个时候就会想睡觉。你没法强迫自己睡觉，正如你没法强迫自己休息一样。

第二招是禅式呼吸法。把你所有的注意力温和而坚定地放在入睡上，通过禅式呼吸法放松下来，过一会儿，当你感到困意袭来，就将注意力放到自己的身体上。在脑海中想象身体的每一个部分，每一次呼气都放松一块肌肉，一块一块地来。肌肉的选择可以是随机的，也可以遵循一定的规律。不管用什么方法，注意力都要放在呼吸和身体上。

这时如果心猿来捣乱，你只需要把注意力重新放回身体上就好。捣乱一次，你就回去一次。尝试过就知道，这个方法很管用。要想入睡，就不能让心猿把你拽到对过去的纠结和对未来的担忧上，你就得专注于当下，让你的意识慢慢睡去。因此，你需要用禅式呼吸法把心猿锚定在当下，并辅以刚才所讲的放松肌肉的"生物反馈"（biofeedback）方法。即便有时候思路飘了，心猿潜入了，也不用担心，你只需要继续坚持，按这个步骤做下去，就会成功的。睡眠会来敲门的，因为大脑就是这样设计的。

很多时候，正当你怀疑这个方法没有效果的时刻，就是效果马上要显现的时候。坚持这个步骤，不要总去想结果。运用禅式呼吸法时，可以加入一些咒语，比如"我很平静，我很放松"，或者我最喜欢说的，"放下吧，随它吧"。

迎接睡眠的到来就像是在炎热的夏天扑一只蝴蝶，你追得越急，它跑得越远。如果你坐下来，保持不动，把呼吸放慢，蝴蝶可能反而会飞过来，落在你的肩头。

第三招是好莱坞电影法。如果你感觉还是睡不着，那么你可以试试好莱坞电影法。你可以想象自己正自导自演一部电影，电影里，你优雅而放松地躺在床上，准备入睡；或者在一个温暖的小木屋里，炉火烧得正旺，你打起了盹儿。你也可以编一个与睡眠完全不相关的电影来让自己分心，比如和一位明星共进晚餐，或在电视上获了个奖，等等。你可以加入任何你喜欢的内容，从而在脑海里想象出一部生动的电影。这样便能迷惑你的心猿，让它让出管理权，"放"你进入梦乡。

最后说一句，上面这些方法都要养成习惯。就像你习惯于在入睡前让心猿打扰你，向你抛出上百万个问题一样。你要知道心猿什么时候会开始叫嚣，你要知道该怎样阻止它，让自己回到平静和放松的状态，为入睡做好准备。

所以，一定要多练习。随着结果一点点变好，用不了多久，你就能轻松开启每晚的睡眠，拥有一睡就是七八小时、醒来精力充沛的体验。记住，你是大脑的掌控者，心猿不是。运用我教的技巧，配合良好的睡眠习惯和睡眠心理方面的知识，你会拥有以前想都不敢想的优质睡眠。

方法用对了，入睡简直易如反掌。

◎ 真实案例：克服睡眠难题的麦克弗森

How to Master Your Monkey Mind ———————
战胜焦虑之旅

前面说过，睡眠改善法的真实案例源于我自己。好多年前的一段时间里，我得每天加班加点地工作，来建立自己的心态管理客户群。我从经纪人一步一步变成导师，后来终于可以从事我真正热爱的事业，那就是帮助人们成为更好的自己，不论他是何种职业与何种身份。

一开始我的主要服务对象是精英运动员，后来客户群不断扩张，几乎囊括了各行各业！随着业务的拓展，问题也开始出现。我发现我不善于拒绝，总是想让所有人都满意。我成天都在忙工作，没有意识到心猿麦克已经掌管了我的生活，直到它开始侵入我的睡眠。

那段时间里，我家人的身体也不好，所以我的心猿越发焦虑。于是我的睡眠质量每况愈下，第二天总是倍感疲惫。我得想办法恢复精力，我太知道睡眠不好对身体的影响了。后来我变得食欲不振，尽管如此，我还在工作。实际上，这个时候我应该使用慢踩刹车法的。

我决定采取措施。我找了当地的医生，开始服药，从而为身体提供足够的能量，同时确保睡眠和胃口。我自己做的第一件事是不再努力入睡，我决定不去管它，让这个过程自然发生。当然了，说起来容易做起来难。于是我又用了禅式呼吸法，果然很有效果，再辅助好莱坞电影法，给自己想象一个放松的场景——通常是在沙滩上。

　　心猿麦克还是会偶尔过来破坏我的睡眠，尤其是我半夜醒来的时候，满脑子都是它给我出的那些题，不过我自有办法对付它。

方法 10

"焦虑克星"音频：如何把焦虑控制在 合理的范围内

我想，正在看本书的你，或许会担心前面提到的那些方法不适合自己，有的可能是因为效果并非立竿见影，有的可能是因为威力不够大。你想找的可能是那种一招下去，药到病除的特效药。别担心，这是正当的需求，不光你这么想，大家都这么想。

我确实不能保证靠一本书就解决你生活中的所有烦恼。不过，有点儿压力未必不是件好事，它可以敦促我们在考试中争取最好的表现，或提醒我们在做事时及时反思和检查，防止粗心大意。所以焦虑不是凭空产生的，它的存在有其道理。我也不能告诉你随着年龄的增长，焦虑就会慢慢消失，因为情况并非如此，它只是换了种形式。不如这么说吧，你应该学会控制自己的焦虑，而不是让它来控制你。

现代社会带来压力的因素有很多：生活节奏、网络和社交媒体、同伴压力、健康隐患、财务状况，等等。在我看来，最烦人的一种就是悬而未决，又没有即时的答案可以解决的问题。

不管是压力也好，焦虑也好，只要有一个清晰的源头，有明确的过程和具体的节点，就容易解决。麻烦的是持续存在又悬而未决的问题。比如，你因为明天要去看牙医而焦虑，但你知道只要到了明天下午，看完牙医，焦虑就自动解除了。而如果是身体的慢性疾病或者长期的财务危机，这种焦虑感就会一直持续，不知道何时是个头。

anxious（焦虑）这个词的词根来自拉丁语的 anxius，意思是对未来某件不确定的事感到担忧。换言之，就是我们脑海里常常冒出来的："要是……可怎么办呢？"不过，我们的心猿可不喜欢不确定，它当下就要答案，它不仅要知道你要做什么，还要知道你会怎么做、何时做。

对那些"要是"开头的问题，如果你给不出答案，你的心猿就会越来越暴躁。悬而未决的时间越长，心猿就越有可能朝你扔出"炸弹"，让你肾上腺素增高，吃不好，睡不好，时时担忧那个问题。这时，你的分析能力就好像瘫痪了一样，大脑也做不了决策，满脑子都是乱七八糟的思绪和问题。心猿超时工作，占领了你的生活。你的大脑只能疯狂去想那些问题的解法，想得脑袋直冒烟。

这个时候，人们经常会感觉迷茫、困惑，不明白究竟是怎么回事，为什么会感觉这么糟糕，甚至开始担心自己会不会永远无法摆脱这种状态。于是，他们将自己引入了恶性循环，不断地担忧。

一旦心猿在这个时候接管你的大脑，你就很难发挥自己最好的水平了。你会很难集中注意力，会寝食难安，看问题时也难免会偏颇。简单来说，焦虑会影响你生活的方方面面，对你造成极大的消耗。

因此，我们必须阻止这一过程。

我很有自信，能够帮助你恢复到正常状态，把你的焦虑控制在合理的范围之内，让你能够享受生活，每天都做最好的自己。

具体怎么做呢？来看看我给你的礼物吧——我的"焦虑克星"音频。

大概 20 多年前，我意识到与来访者一对一的面谈可能有一定的局限性。前面讲到的 9 个方法，我都教给了我的来访者们。他们反馈说方法很有效，成果很显著。因此，我也相信他们从我的办公室走出去之后，是心安的，也有办法调节自己的大脑，处理生活中遇到的问题。但是我免不了要担心，这种一对一咨询的效果能持续多久，会不会消退呢？

我看见很多来访者在结束面谈之后，还没走到自己的车边，就迫不及待地掏出手机，一头扎进他们原本的生活。我想过不了多久，生活中就会有问题需要他们处理，就会有紧急的事情，就会有困难的局面……到那个时候，我却没法在旁边陪着他们。一周 7 天，一天 24 小时地贴身陪伴一位来访者是不可能的，我担心我们在咨询中取得的进展会被生活的忙碌和焦头烂额逐渐消磨掉。

于是我开始考虑：我能不能再给他们提供一些东西，帮助他们回忆起咨询的内容，提醒他们在面对困难时，可以使用前面提到的那些方法呢？

这时我意识到，他们需要有一个克服焦虑的音频，这个音频由我录制，为他们讲述心态管理中最主要的内容。不管何时何地，他们想听的时候都能立刻播放。

接下来的几个月里，来访者走出我的办公室后，我都会坐下来，回顾刚才的面谈内容，写下音频里要讲的东西。然后我会带我的狗去散个步，看看还有没有什么想法会从潜意识里跳出来。回来之后，我就去有混音器的办公室里录音，然后结束一天的工作！

我很荣幸可以和世界一级方程式锦标赛赛车手合作，他们愿意试听我最开始制作的音频。有一位赛车手在大奖赛前夜睡不着觉，还有一位想要提高专注力。随着比赛的到来，他们都想通过视觉化想象一整条赛道的方法来提高圈速。

所以我分享给你的这个音频已经经过了世界顶级运动员的检验。很多来访者告诉我，我的音频改变了他们的人生，这样的反馈让我很激动！一开始，我的技术还比较原始。我不会剪辑，只能一次把所有的内容录完，如果最后出了差错，就得从头开始录。不仅如此，每一张 CD 还得装到袋子里，拿到邮局，寄挂号信，一次就得 5 英镑！好在现在技术进步了，录音变得简单多了。这些年来，我已经录了 4000 多个音频，可以说得心应手了。

现在，我要把这个礼物送给你。你可以免费收听我的"焦虑克星"音频①。本书的所有精华内容在音频里都有体现。

这段音频能够指导你进行放松，带领你开启视觉化想象，同时涉及了本书提到的各种方法。不管你在哪个国家，年龄多大，只要有网、有设备，就能使用这段音频。

---

① 扫描文前 VII 页（暗码）二维码收听"焦虑克星"音频，一起踏上告别焦虑的旅程。——编者注

我把这段音频叫作"焦虑克星"，因为它提供了对抗各种困难和焦虑的办法。对来访者来说，解决问题往往不局限于某一种方法，而是要能够综合运用三四种方法，甚至更多。这类以种种方法为单位的模块化结构可以让你"先挑选，再综合"，从而把这些方法的效用发挥到最大。在听这段音频时，你可以思考哪些方法最适合你，以后每次听的时候，都可以在脑海里强化这套方案。

找一个安静的地方，播放这段音频，自己听听看吧。回忆一下之前我们讲的内容，相信自己已经能够灵活运用这些方法。因为，最棒的焦虑克星就是你自己。

为了说明我这个"先挑选，再综合"策略的重要性，我要讲述三位来访者的故事。他们使用音频和不同的方法，克服了各自的重大困难。

◎ 真实案例 1："学渣"变"学霸"的奥利

首先是奥利（Olly），他来找我的时候 15 岁。我第一眼就喜欢上了他，他却觉得我既疯癫又古板。虽然这两个词大相径庭，但可能都有道理。我从他身上看到了年轻的自己，因为我们都不喜欢学校，不想上学。年龄不是我们最大的差距，我们最大的区别在于，他不想去学校是因为他有阅读困难症，而我单纯是因为懒惰，不感兴趣。我接受过好几位有阅读困难症的孩子的咨询，还专门去照顾这类孩子的学校考察过。

奥利会告诉你，他本来并不想找这个疯癫的老头当心理教练，后来决定试一次，看看这人到底是什么"货色"！奥利也使用了我的焦虑克星音频。我和他妈妈一起尝试了各种方法，并为他制订了一套完成学业的完美方案。

方案的最后一步，就是为他录制一段音频，让他在学校面对困难时，可以掌控局面，担起责任，成为"奥利船长"。奥利说他很感激我，我想，应该是我感激他才对，因为我从他身上学到了很多。

奥利真正的心理教练其实是他妈妈。下面，就由奥利的妈妈讲述，奥利是如何一点点进步，逐步找到应对学习和生活的新方式的。

战胜焦虑之旅

　　我们家有 4 个儿子，奥利排行老二。8 岁那年，他被诊断出阅读障碍，学习对他来说很有挑战，因此他一直不喜欢上学。他哥哥的成绩很好，从来都是高分通过。而阅读障碍使奥利的学习变得困难。他总是要付出两倍于哥哥的努力，却依然学得十分吃力。

　　奥利一直不喜欢去学校，他更喜欢户外，比如去农场工作，去射击，或者宁可待在家里。随着年级逐步上升，他也会努力做作业，但仅仅是为了对我们交差，因为我们给他交了学费，而不是因为他自己喜欢学习。等他开始上初中，我们感觉到他越来越痛苦了。功课越来越差不说，更让人担忧的是，他心情也越来越低落，越来越受挫。距离中考只差一年时，我丈夫和我决定接受现状，即便成绩不及格也没有关系。

　　我带着奥利去见了他的班主任和校长。我们四个坐在会议室，谈论他的各科成绩。班主任还想给他一

些反馈和建议，而校长，一个可爱的男人，已经开始
问奥利他毕业之后想做什么了。可惜，奥利受不了这
场会议带来的压力，哭着跑了出去。我们多坐了一会
儿，以为他会回来，但是他没有。我们找遍了学校，
终于把他找到了。看他还很伤心，我就带他回了家，
不谈那些事了。

也是在那个时候，我们意识到，必须面对这个问
题了。我们虽然花了很多钱在学费上，但这并不能保
证奥利的成绩。事情发展到这一步，并不完全是学校
的错，我们也有责任。我们没有意识到奥利的成绩下
滑得如此严重，也不知道他原来那么不开心。所以，
趁情况进一步恶化之前，我们得做些努力了。

我丈夫从他同事那里听说了麦克弗森。那个同事
一直在讲麦克弗森的几次咨询对他儿子的影响。具体
的细节我记不清了，印象中那个孩子好像在打橄榄
球，特别有天赋，经历过一段困难时期，在麦克弗森
的帮助下回归了正轨，后来发展得很好。我们决定试
一试，于是联系了麦克弗森。

奥利和麦克弗森在咨询的时候到底聊了些什么，我至今也不得而知。这完全正常，因为谈话内容应当保密，这样来访者才能毫无顾忌地畅所欲言。我知道的是，他们聊得很好，奥利对这次咨询很满意。麦克弗森给奥利准备了可以每天收听的音频，帮助他运用那些心态管理的方法。

麦克弗森的音频让奥利找回了自信，一段时间后，这些音频慢慢帮助奥利把重点切换到学习和复习上来，但不会说得太过具体，更多的是鼓励奥利，教给他学习和获取信息的方法。麦克弗森让奥利与自己获得了和解。奥利经常听那些音频，我也会和他一起复习，把他要学的那些大部头材料分解成好处理的小部分。在这方面，麦克弗森给了我们很多建议，也为我们推荐了一些能增强记忆力的书。

我们运用麦克弗森教的方法，慢慢啃下了奥利的功课。一开始，我得坐在他旁边，陪着他学。后来慢慢地，他能够自己主导，可以独立完成了。他的自信回来了，他又有了动力，他开始相信自己是能做到的。考试之前，他能自己复习；考试期间，他全程作

答。考试成绩也让我们很满意：两个 A*、好多 A、一
个 B、一个 C。这已经是很好的成绩了，是他自己赢
得的。

一年前，奥利在那次糟糕的会议上跑出去的时
候，我们无论如何也预料不到如今这样的结果。奥利
的转变实在是太大了，我们真的很感谢麦克弗森。正
是在他的教导下，奥利成了一名勇士，并改写了人
生。他对奥利的帮助和付出，我们会永远铭记在心。

奥利的自述

说实话，我在学校就是废物。课上老师讲的时候
我基本还能听懂，可等到回家做作业的时候就不是那
么回事了。我的成绩让人失望，我逐渐对学校失去了
兴趣，转而关注世界上其他的事情了。只可惜我那时
候只有 15 岁，除了学习，没有什么别的选择。

我每天都心灰意冷地去学校。我什么都关心，唯
独不关心老师讲的内容。后来我连体育运动都提不起
兴趣了，这完全不像以前的我。每天回到家，我脑子

里想的都是学校的教育系统有多讨厌。也是在那个时候，我父母开始认真找人寻求帮助。

我还记得他们说到麦克弗森这个名字，说他是心理教练，这个叫法我还真是闻所未闻。毕竟是在互联网下成长起来的一代，我立马在网上查到了他，点击后进入了一个看起来不像网页的页面。我去他家的时候，还想着结束后还不得照样去学校，什么也不会改变。然而，就在那间小小的房间里，我们坐了两小时，神奇的事情发生了。麦克弗森不是老师，他没有说"你得努点力，你就是想多了"之类的话，他跟我一样讨厌学校，他一点一点赢得了我的信任。后来，他教给我一种冥想的方法，说可以帮到我。然后，我们一起捋了捋什么事情能让我高兴，什么能让我有动力。我们一起设计了这个音频，我可以每天听两次，从中获得一些动力。结束咨询的时候，我感觉他就像个大孩子一样，友善地向我伸出了援手。

第二天上学时，我感到轻松了一些，因为我知道，有人是理解我的。但学习依然是件困难的事。那天晚上，我收到了麦克弗森的邮件和录音。我点开听

了，我猜你一定以为我会说，从那一刻起，事情开始
改变……

要说改变，也是有的。音频确实起到了一些作
用，但绝不是"听一次就改变人生"。我需要每天听
两次，每次听 20 分钟，然后转变就慢慢发生了。过
了一阵，我又去做了第二次咨询，主要是和那个疯癫
的心理教练谈谈他那个非常原始的网站，并再拿回来
一些音频。这一次的音频与我接下来的考试有关，但
它指导得更为宽泛，它教给我的方法，在学校以外的
地方也能用到。

我能发生改变，虽然不全靠麦克弗森，但他绝对
是促使我转变的重要因素。他把这一切都归功于我，
也未免太过谦虚了。在这里我想说，麦克弗森，我欠
你一个大大的感谢。

◎ 真实案例 2：让分崩离析的生活重回正轨的帕特里西娅

帕特里西娅是通过共同的朋友找到我的，最开始是想

要我帮助她戒烟。这是我临床催眠培训的工作内容。戒烟很成功，我很高兴。但帕特里西娅没有告诉我，她当时的生活充满了各种各样的挑战，这已经是比较委婉的说法了。说老实话，我都想不到她竟然能在孤立无援的情况下坚持这么久。几年之后，当她再来找我时，烟瘾虽然戒了，但她的生活已经崩塌。她告诉我，那个时候她感觉"自己的世界正在分崩离析"。没有人的世界会彻底崩塌，但我理解她那时的感受。

帕特里西娅告诉我，她的压力来自很多方面，其中之一就是她的工作，她得照顾弱势群体。这意味着她的心猿不仅已经好几年处于"红色警报"状态，而且每天的工作量都是超负荷的。帕特里西娅一定感觉自己就像一节电池，一边慢慢往外放电，一边听见心猿叫嚷着"赶紧做点儿什么吧"。

毫无疑问，她很快就感到身心俱疲。帕特里西娅在描述她这段经历的时候可能看起来很轻松，但实际上她已试遍了我前面介绍的每一种方法，包括个人音频。现在，她已经能够调节自己的大脑，成为一名成熟的"焦虑克星"了。让我们听听她的自述。

How to Master Your Monkey Mind ————————————
战胜焦虑之旅

12 月的时候，我坚持不下去了。过去几年来，我的人生用"起起落落"来形容都是轻的。

几年前，在圣诞节前夕的一个星期一，我丈夫放火烧了我们的家，他想把自己烧死。到了星期五，我把他从精神病院接了回来，他在那里已经待了 5 天，人家让我"看好他"。那天晚上我回到家，躺在床上心想，女儿和我的生命安全有保障吗？我的世界就这样崩塌了，我只感觉麻木。

第二天早上醒来，丈夫看起来还行，但女儿的状态不好。除了失火那天穿在身上的衣服，她什么都没了。她流着泪说，人生就是一团垃圾；没有礼物、没有装饰的圣诞节，也只会是一团垃圾。

我疯狂地想要维持一种幸福家庭的假象，想要让一切看起来都正常。于是我提议去商场买点儿过节的东西。我向女儿承诺："事情不会更糟了。"她终于放心了一点儿。我擦干她的眼泪，准备靠购物来疗伤。过去几年，我不知把这句话在脑海里重复了多少遍。

购物回来的 4 小时后我接到弟弟的电话，说我父亲正在被救护飞机送往医院。那一周，我失去了家，失去了父亲，失去了所有的东西。

我以为，这些已足够让我崩溃了，但没想到更糟的还在后面。失去父亲的痛苦，我挺过来了；在我最需要父亲的时候，他却离我而去，那种愤怒我也挺过来了；我丈夫害我们失去了这么多，居然还在外面与别人有染，他的所作所为不断地萦绕在我的脑海，那种压力给了我的心脏致命一击，我依然挺过来了。这些都没有打败我，真正击垮我的，是忧虑。

我一向忧思很重。我会整晚睡不着，担心图书馆的书是不是都还了。我还担心一件事有没有可能产生一系列的连锁反应，会不会带来更糟糕的事，我管它叫"灾难大赏"。这个词是我生造的，但它真的很贴切。

那年 12 月，我终于崩溃了。我睡不着，也吃不下。我整日整夜地哭，不愿出门，也不想见人。我把车开得飞快，就想试试看会发生什么，我简直在"玩命"。我的工作是照顾弱势群体，我喜欢我的工作，可是无助的情况、无助的人常常让我也陷入绝望。

那是我刚接受完急救训练的第二天。我学的是心肺复苏，当时脑子里一直在想我父亲，想他为什么没能被救过来。没想到，竟然是这个念头让一切崩塌了。回看那段时间，好几个月我都徘徊在崩溃的边缘，我一个劲儿地忙，就是为了让大脑不被那些念头占领。我在逃离那只名叫"抑郁"的黑狗。如果我更忙一些，如果我多喝一点儿酒，我是不是还能多撑一会儿？实际上，不管是身体还是心灵，我都已经不堪重负了。

那天我照常去上班，可是突然哭得停不下来。我没法从那种感觉中走出来。没有人懂我的经历，没有人帮得了我。我请了假，和母亲待在一起，依然感觉非常糟。

看我这么绝望，母亲建议我再去找找那位"猴语者"。他曾帮过一位我们特别要好的朋友，几年前还帮我戒过烟。自打戒烟之后，我只要有机会就对麦克弗森赞不绝口，因此我母亲觉得他是个神人。看到我现在这么痛苦，母亲觉得他的催眠应该会对我有帮助。

我给麦克弗森打了电话，他同意几天后见我。随着那一天的临近，我意识到自己其实并不想见他。我不想给任何人讲我脑子里的那些想法。我给母亲讲过，给朋友们讲过，可是有什么用呢？不过是一遍一遍揭开伤疤罢了。我不想再讲了，多讲一次也受不了了。没人帮得了我，也没人治得了我。

但我后来还是去了。因为麦克弗森把时间都给我留出来了，我总不能失约吧。

我要是没去，今天就写不了这些了。

你一定会问，他施了什么魔法，你是怎么见到他的？告诉你吧，你很幸运，你不需要见到他本人，也不需要魔法，你只需要掌握本书里他教你的方法，就能救治自己。麦克弗森给我讲了心猿是怎么回事，还给我介绍了他的其他理念和各种方法，然后为我录制了音频，真的非常好听。

有一天下午，通过音频，他告诉我，过不了几天我就能重新开始工作了。我仿佛看见了隧道尽头的光。更重要的是，我学会了新的思维方式。我终于意识到，之前担忧的那些事，根本没必要担忧，或者说，担忧了也没用。

我开始明白，我们担忧的事情，大多数都不会发生。即便发生，担忧也无法改变什么。我学会了安抚自己的心灵。我大脑的肾上腺素过载，导致我总处于一种斗争的心态中。我需要花时间冷静下来，让身体产生有助于镇静的化学物质，来对抗肾上腺素。也是在那个时候，我开始了解我的心猿。它会坐在我肩头，不停地唠叨。它让我的大脑充满了自我怀疑，充满了对未来的担忧。我得让我的心猿闭嘴。我要是持续不停地在脑海中进行"灾难大赏"，还怎么可能放松得下来呢？

所以，你不需要魔法。你需要的是按"猴语者"说的那样做，驯服自己内心的猿猴。

◎ 真实案例 3：找回人生方向的安娜贝尔

安娜贝尔（Annabel）是一位优雅又时尚的女士，举手投足间很有气质。她是一位舞蹈演员，而且口齿伶俐，很有幽默感。我给她介绍了心猿的存在之后，她决定管自己的心猿叫文斯。

安娜贝尔在很多运动领域都有建树，所以心猿对她的要求也很高，经常让安娜贝尔感觉很有压力。不过，当你读完安娜贝尔的故事，你就会明白可怜的文斯为什么要操那么多心了。

我带安娜贝尔几乎把所有的方法都过了一遍。一开始用了心猿管理法，后来发现逐步改善法很管用，她在康复的路上也能"迈着舞步"一点儿一点儿进步了。现在，安娜贝尔已经成为"焦虑克星"项目的长期会员，她最依赖的方法就是个人音频。用她的话说，音频给了她"信心和底气"，让她能够"应对文斯不断抛过来的'鸟粪'"。她

给我讲过，"舞蹈的终极目标是成为音乐本身"。她完成了
这个目标，不管是在生活中还是在舞台上。身为舞者的她
终于与舞蹈融为了一体。以下是她的自述。

How to Master Your Monkey Mind ———————————————
战胜焦虑之旅

　　我是通过偶然的机会了解到麦克弗森的。我和他
的一位来访者在街上遇见，我们不知怎么就聊了起
来。两年之后，我也前往巴斯，来到麦克弗森温暖又
舒适的工作室，因为我想改变自己的人生。

　　这个要求很过分吧，起码我当时是这样想的。

　　我脑子里好像总有一个负面的脚本，永远也无法
超越。我参加过很多竞技体育项目，却没有一项能够
坚持下去，把潜力真正发挥出来。后来我放下了竞技
体育比赛，决定尝试舞蹈。

　　我又跟以前一样，把自己投入其中，并开始和舞
蹈老师约会。很快，我就开始每天跳舞。然而，在我

的内心深处，我知道有什么事情不对。每节课开始之前和上课的时候，我都很紧张，我还以为是因为我有完美主义的倾向。后来见了麦克弗森我才知道，这是我的心猿文斯在抗议。为什么抗议？我后面再讲。

我和我的舞蹈老师，也是我当时的男友讨论过我去参加比赛的事情，但是很显然他不想让我参加比赛。我有点犹豫，如果我每次上课都那么紧张，在比赛中又该怎么控制自己的焦虑呢？我很矛盾，内心有很多声音，不知道哪一个才是我真实的想法。

我向麦克弗森讲述了我的经历。我是被收养的，养父母是严格又保守的中产阶级。我的父亲有点专制，母亲只会一味地顺从。小时候我经常被养父母家的哥哥欺负。我当时感觉，因为始终想要获得被接纳感，所以才会什么都想赢。后来我理解了，其实是因为我的心猿文斯不想让我失望，不想让我被评判、被拒绝，所以一遇到困难，我就会产生放弃的念头。

我后来发现，我的老师兼男友也有他自己的问

题，比如在课堂上对我的评价忽高忽低。有时我以
为我生来就该走这条路，有时我又觉得我在舞蹈上
简直一无是处。有一次我甚至在课上自扇耳光，我
知道不应该这样，还把凳子摔在了工作室的地板上。
还有一次，我在课上和我的老师兼男友搭档时，被
他逼进了一步，推开他的时候，我感觉很丢脸。他
曾在想要吸引我注意的时候，朝我吹口哨，虽然是
愉快的调调，但我依然很不爽。这些小事持续了很
长时间，中间又夹杂着一些好的回忆，它们就这样
交错着出现。

在我头一次找麦克弗森咨询后的几个月，我病倒
了。我在医院住了 10 天，其间认真倾听了自己内心
的声音，并做了反省。我认为，文斯对我有点过度保
护了，但是它对舞蹈老师的看法确实没错。躺在医院
的病床上，我决定改变自己的人生：第一，我要再次
开到机动车道上去；第二，我要和男友分手；第三，
我要找一个不会和我谈恋爱的老师；第四，我要开始
竞争了。

我一边写，一边看着书架上的一个奖杯，这是我

最近在一次师生舞蹈比赛中获得的。我在英国国内和国外都参加过比赛。通过舞蹈，我结识了很多新朋友，我收获了胜利的喜悦，也因为尝试过，所以对自己有了更高的评价。

文斯和我现在的关系是互相支持，而不是互相依靠。在我生病后的一年中，我们共同取得了上面那些成就。不瞒你说，当时我们都挺紧张的，但是我们有备而来，而当音乐响起时，魔法也开始显现……

我终于舞出了自己。

HOW TO MASTER YOUR MONKEY MIND

第三章

成为掌控生活的勇士

做自己的心理教练

现在，你已经有 10 种帮你管理心猿的方法了，你的人生将因此变得更加美好。你已装备齐全，能够做自己的心理教练，能够自己做决定了。未来的你，将是平静、放松且自信的。你将能够控制自己的焦虑，在未来吃得好、睡得好、享受生活，每一天都在成为更好的自己。

不过，在你进入这样一个美好的人生状态之前，我还有一些话要嘱咐：警惕暗示性评论！什么意思呢？请听我给你解释。

我常常想，我们有多少潜能因为暗示性评论而被埋没，有多少梦想因为暗示性评论而破碎，甚至有多少健康是被暗示性评论毁掉的？今天这个世界，到处都有人在教你怎么做，给你提建议，帮你分析事情，他们往往不请自来。人一旦被淹没在这些意见和观点中，就很难保持自信。平心而论，有些人的建议可能确实出自好心，但还有一部分人，则可能非蠢即坏！但不管是哪一类，他们都有可能对你的心理健康造成负面影响。

究竟什么是暗示性评论？我来举几个例子。我合作过的一位赛车手跟我说，他在起跑线上，坐在车里，准备开始比赛时，他们队里的一位老队员来到驾驶座，握着他的手，说道："可别撞车，兄弟！"这可能只是为了幽默一下，实际却是一次蹩脚的暗示性评论。

事实上，在危险、兴奋或情绪激动的情况下，这种话很容易越过你的意识"过滤器"，直接进入你的潜意识。在当时的情况下，那句话的关键词显然是"撞车"。对那个可怜的赛车手来说，撞车的阴影会闯入他的脑海，让他无法摆脱。而这显然不是在时速约 322 千米 / 小时的比赛前应该有的状态。

有一个赛季，我认识的一位世界著名高尔夫球手在进行一场大型巡回赛时，遇到了一个距离虽短但很有挑战性的 3 杆洞，洞口在湖的另一边。当他准备挥杆时，他那位帮倒忙的父亲从人群中喊道："儿子，别打到水里了！"你猜接下来发生了什么……

受到这种暗示性评论毒害的，远不止世界著名的运动明星们。我妻子简的网球打得很烂。这是她自己的说法，她非常确信这一点，认为自己"手眼不协调"。之所以会产生这样的自我怀疑，是因为她在学校的时候，一位老师可能出于好心，把一个没打好的反手球归咎于简的手眼协调不好。她的同学、网球搭档和教练又强化了这一印象。我清晰地记得她父母都曾跟我说她的网球技术没救了，因为"人人都是这么说的"。

简就这样被催眠了，自此以后她相信自己的网球就是打得很糟糕。而事实上，她的协调能力很强，她可以在圣诞节准备 15 个人的饭，厨房事务、饮品、礼物都安排得井井有条。她车也开得很棒，这一点也能证明她的手眼协调能力很好。一句毫无根据的判断，就这样强加在了当时还是小女孩的她身上。

还好，我收到的暗示性评论都是正向的。父母和朋友给我的那些鼓励，都对我很有帮助。我很幸运能够生在这样的家庭，他们教给我的东西让我至今仍受益无穷。只可惜，有我这样经历的人并不多。不管是来找我咨询的人，还是我在生活中遇见的人，很多孩子每天都面临着暗示性评论的负面影响。

暗示性评论的危害对我们每个人来说都是存在的。它可能来自父母、亲人、妻子、朋友、教练、老师，也可能来自律师、医生、理发师、酒吧老板、摇滚明星、媒体、出租车司机……暗示性评论的影响无处不在。

有多少青少年就这样被催眠，以为自己注定一事无成？又有多少人在尝试的道路上被暗示性评论伏击，不得已又退回到了原点？

社交媒体也可能成为有毒的暗示性评论。Twitter、Instagram、YouTube 等网络平台，几乎是完全不受限制的个人观点的狂飙场。用户只要发几张自己的照片，配几句文字，网友的各种点评很快就会随之而来。这些点评显然不都是积极正面的，有的时候甚至会对当事人造成不良的影响。

虽然青少年是最容易受影响的群体，因为他们的大脑发育尚不完全，来自同伴的压力对他们的生活影响很大，但只要使用社交媒体，人人都会受影响。在使用社交媒体时，如果内心脆弱，过分在乎他人的批评，就会有潜在的危险。因为受社交媒体上某些信息的影响而自我伤害的故事有很多，这些故事提醒我们一定要保护好自己的孩子，同时也要保护好自己，避免受到暗示性评论的负面影响。这不是危言耸听，如果保护得不好，可能真的会危及生命。

那么，该怎样保护自己免受暗示性评论的伤害呢？要想完全避开是不可能的，但你仍可以采取一些措施，把危害降到最小。方法分为两类：一类是事前预防，另一类是事后应对。

◎ 如何预防暗示性评论

第一，时常检查、辨别你遇到的暗示性评论。如果需要的话，可以列一个单子，但是不要拿给别人看。在内心记好哪些人需要防范，不能被他们拉入负面情绪的汪洋。

第二，坐下来，花些时间，对社交媒体上的好友做个取舍。如果一个人看起来生活很完美，成天发一些展示优越感的照片，关注他对你有什么好处呢？如果有人总对你发的内容做负面评价，那你就应该屏蔽他。你要行动起来，使自己远离那些不好的评价，保护好自己。

如果你的孩子正在使用社交媒体——21 世纪出生的孩子几乎都会使用，那么你需要帮助他们意识到网络上暗示性评论的危害。不要有畏难情绪，我知道很多家长会觉得教育孩子比在手机上浏览社交媒体信息要难得多，这完全可以理解。

但是，你要想想，你肯定不会让一个 14 岁的孩子独自去另一个城市，随便和人交谈，听取路人的建议。既然如此，为什么要放任他们在社交媒体上遨游，而不提供任何指导或建议呢？在实际操作中，要想给予孩子好的指导，你很难不表现得像个密探，甚至可能引起家庭矛盾。但是，你有能力，也有必要给孩子解释清楚网络世界的危害和暗示性评论的隐患，否则它就会威胁到孩子的心理健康。而只需要付出一些努力，进行一些交流，你就能作出很大的改变。当然，社交媒体也有很多益处，比如加强社会联系，树立积极的榜样，为新创意的开发提供全球支持网络，等等。

第三，想一想，怎样能多接触生活中有正能量的人，远离那些总打击你的人。要避开负面影响，你可以有选择地观看电视节目，或者干脆不看电视，收听不同的广播频道，"取关"那些讨厌的人。

◎ **如何应对暗示性评论**

当你已经识别出了那些经常打压你的人，重新调整了你的社交圈，把网络活动也精简了一遍，这时如果还是有人突破了防线，引爆了一枚语言暴力的手榴弹，你该怎么办？很多外部的干扰你无法控制，但你可以控制自己对这些事的反应。如果任凭暗示性评论嘲讽你，那么你就会很容易犯错，你已经掌握的那些方法的效果也会大打折扣，从而无法将自己的潜力发挥到最大。

那么，如果这些负面的评论或建议已然出现，你该怎么应对呢？

第一，告诉自己，你是有"隐形金钟罩"护体的。所有负面的评价，不管来自何方，都会反弹，不会伤你分毫。你可以在脑海中想象它的存在，把各种细节都补充完整，甚至把恶评被震碎的"砰"的一声都想象进去。

第二，如果暗示性评论已经对你造成了影响，你可以这样移除讨厌的想法和情绪：通过心猿管理法，刻意地用积极、正面的表达来替代原先那些负面的话语。

第三，使用禅式呼吸法来保持平静。

第四，迅速脑补出一幕"我可以"的"好莱坞大片"。你不必在别人的电影里担任或光鲜或黯淡的角色，你可以自编自导自演，做自己的"好莱坞明星"。

第五，运用持续改进法，每天进步一点点，不必在意事情有多小，关键是它能增强你的信心，让你在面对暗示性评论时更加勇敢。

第六，清晰地告诉自己，别人越说你不能做的，你就越要穿上战袍，做给他看。

通过上述方法，不管是提前避免暗示性评论的影响，还是尽量弱化暗示性评论的危害，你都能打破这些"建议"给你带来的限制。请时刻保持警惕，伸长触角，增强雷达的灵敏度，让暗示性评论无处可逃。放轻松，你有很多方法对付它们。

迈向崭新的世界

我很高兴能够为你写作本书。虽然本书已接近尾声，但你的冒险之旅才刚刚开始。请记住，享受这段旅程才是最重要的。本书你已经快读完了，一路你都在听我讲，就像来访者在我这里接受咨询一样。不过，接下来的这一部分一定会让你惊喜：既然你已经知道心猿是如何运作的，也掌握了一些心态管理的方法，那么你完全可以成为自己的心理教练，用这些方法改变自己的人生。

现在，你已经学会享受美妙的呼吸，也知道了管理心猿的重要性；你知道怎样通过小小的努力来达成巨大的变化，也可以在自导自演的电影里发光发热，增强信心；你明白该在何时放慢脚步，也会给大脑做锻炼，增强自己的免疫系统。重中之重是，你每晚都能获得高质量的睡眠，将一天的疲惫一扫而空。有了这些方法，不论是焦虑、抑郁，还是各种困难，都不再是你的对手。

有些方法平时就可以多加运用，让你保持平静、放松和自信，就像有人说的，"晴天才是修屋顶的好时候"。还有一些方法可以帮助你在遇到困难时，迅速建立身心连接，拿回对心猿的管理权，重获生活平衡。综合运用这些方法，不管生活给你怎样的考题，你都能自信而从容地应对，成长为更好的自己！

最后还有一个"小惊喜"，这可能也是我的工作中最振奋人心的一部分：一旦你能够熟练地使用这些方法，并从中获得肉眼可见的进益，你就会迫不及待地想要与身边的人分享这些东西。你会发现有的朋友总是被别人的建议牵着鼻子走，现在你已经明白那些建议都是暗示性评论；当你的亲人遇到挫折，你会帮他找到克服困难的办法；又或者你有一位年轻的朋友被心猿所左右，你可以教他给心猿起个名字，拿回对心猿的掌控权。通过书里写到的这些方法，你不仅可以成为自己的心理教练，还可以帮助你的家人和朋友。他们在你的影响下，也会按自己的步伐，逐渐从一个焦虑的人，成长为人生的勇士。

如果我的父亲天上有知，他一定会为我帮助了那么多来访者而骄傲。他甚至可能嘴角上扬，用他们北方人特有的温厚的方式，来表达无声的赞赏。我相信，如果你能够理解并运用书中的理念，并将它们传播开去，他一定会更加自豪的。正像他在曼彻斯特的郊区哈特斯利所做的那样，你也能够掌握心态管理的技巧，并用它来帮助需要帮助的人。人生要想取得进步，还有什么比帮助他人更好的方法呢？

现在，差不多是你离开我，自己走向光明未来的时刻了。去吧，该讲的我都讲了，后面就看你自己了。不要慌张，不要担忧。生活一定会有挑战，但兵来将挡，水来土掩。面对生活的起起落落，改变你应对的方式，调整你前进的步伐，一切都会别有洞天。

别忘了，生活是一场舞蹈，不是摔跤比赛。慢下来，你才是自己的主宰，请一定善待自己。

父亲去世后，我在他的遗物中发现了一份报纸，上面有他接受《曼彻斯特晚报》采访的报道。父亲有一个爱好是驾驶小型飞机，所以这篇报道的标题就叫《飞行的医生》。读了这篇报道，我才知道他还会跳伞！记者问他为什么会喜欢跳伞，他说，"因为我每次跳出飞机，成功落地后，都能有好几周不被琐事烦扰"。

现在的你，不正像这个故事所暗示的那样吗？一个崭新的世界正等着你去探索，这个世界是那么多姿多彩，它会让你陶醉其中，也会给予你应得的奖励。而你，已经做好了准备，去体验生活给你带来的种种惊喜，因为你知道，你已经具备了相应的技能和自信，它们就像你的降落伞一样，可以保护你的安全。你要做的就是迈出那一步。

来吧，还等什么呢？向前迈一步，踏入灿烂的阳光和美妙的未来吧。新的世界无与伦比，请务必好好享受！

记住，不要完全被自己的情绪和心猿所左右。

致　谢

　　首先，我要给看完了这本书的你一个大大的感谢。我真心希望你喜欢这本书，希望你能从中找到一些使自己平静、放松、自信的方法，希望你成为自己的心理教练和大脑调音师。

　　除此之外，我最想感谢的是我的妻子简，她信任我，允许我专注于自己的事业，由她来打理其他的琐事。如果没有简，我根本不会踏上这条路，也就不会有这本书。所以要谢谢简，谢谢你为我做的一切。

　　谢谢我可爱的女儿凯蒂和汉娜。你们只需要做自己，我就很欣慰了。两个可爱又贴心、聪明又漂亮的小孩，我很为你们骄傲。

如果我现在跟父亲说，"我终于搞定了一本书"，他一定以为我是读完了一本书，而不是写完了一本书！因此，我得好好感谢环球出版社（Transworld Publishers）的米歇尔·西尼奥雷（Michelle Signore）和她富有才华和创造力的团队。同时也感谢马丁·罗奇（Martin Roach），感谢你充满智慧和耐心的指导。感谢纳塔莉·杰尔姆（Natalie Jerome），要不是你，我都不知道这些东西可以写成一本书，感谢你在合适的时间和地点，帮我联系到了专业的团队。

我还要深深地感谢我的朋友，同时也是我的网球搭档，加布里埃尔。30 多年前，正当我迷茫的时候，是你推了我一把，才让我踏上了成为心理教练的漫长而刺激的旅程。感谢你，加布里埃尔！

最后要感谢的，还是读完这本书的你。不管你是出于何种原因想要寻找心理教练，想要提高运动表现也好，其他方面也好，你发现了这本书，让我参与了你一段小小的旅程，我感到非常荣幸。请相信，你的这段陪伴对我弥足珍贵，我从你那里学到的东西丝毫不比你从我这里学到的少。

未来，属于终身学习者

我这辈子遇到的聪明人（来自各行各业的聪明人）没有不每天阅读的——没有，一个都没有。巴菲特读书之多，我读书之多，可能会让你感到吃惊。孩子们都笑话我。他们觉得我是一本长了两条腿的书。

——查理·芒格

互联网改变了信息连接的方式；指数型技术在迅速颠覆着现有的商业世界；人工智能已经开始抢占人类的工作岗位……

未来，到底需要什么样的人才？

改变命运唯一的策略是你要变成终身学习者。未来世界将不再需要单一的技能型人才，而是需要具备完善的知识结构、极强逻辑思考力和高感知力的复合型人才。优秀的人往往通过阅读建立足够强大的抽象思维能力，获得异于众人的思考和整合能力。未来，将属于终身学习者！而阅读必定和终身学习形影不离。

很多人读书，追求的是干货，寻求的是立刻行之有效的解决方案。其实这是一种留在舒适区的阅读方法。在这个充满不确定性的年代，答案不会简单地出现在书里，因为生活根本就没有标准切的答案，你也不能期望过去的经验能解决未来的问题。

而真正的阅读，应该在书中与智者同行思考，借他们的视角看到世界的多元性，提出比答案更重要的好问题，在不确定的时代中领先起跑。

湛庐阅读 App：与最聪明的人共同进化

有人常常把成本支出的焦点放在书价上，把读完一本书当作阅读的终结。其实不然。

时间是读者付出的最大阅读成本

怎么读是读者面临的最大阅读障碍

"读书破万卷"不仅仅在"万"，更重要的是在"破"！

现在，我们构建了全新的"湛庐阅读"App。它将成为你"破万卷"的新居所。在这里：

● 不用考虑读什么，你可以便捷找到纸书、电子书、有声书和各种声音产品；

● 你可以学会怎么读，你将发现集泛读、通读、精读于一体的阅读解决方案；

● 你会与作者、译者、专家、推荐人和阅读教练相遇，他们是优质思想的发源地；

● 你会与优秀的读者和终身学习者为伍，他们对阅读和学习有着持久的热情和源源不绝的内驱力。

下载湛庐阅读 App，
坚持亲自阅读，
有声书、电子书、阅读服务，
一站获得。

CHEERS

本书阅读资料包
给你便捷、高效、全面的阅读体验

本书参考资料

☑ **参考文献**
为了环保、节约纸张，部分图书的参考文献以电子版方式提供

☑ **主题书单**
编辑精心推荐的延伸阅读书单，助你开启主题式阅读

☑ **图片资料**
提供部分图片的高清彩色原版大图，方便保存和分享

相关阅读服务

☑ **电子书**
便捷、高效，方便检索，易于携带，随时更新

☑ **有声书**
保护视力，随时随地，有温度、有情感地听本书

☑ **精读班**
2~4周，最懂这本书的人带你读完、读懂、读透这本好书

☑ **课 程**
课程权威专家给你开书单，带你快速浏览一个领域的知识概貌

☑ **讲 书**
30分钟，大咖给你讲本书，让你挑书不费劲

湛庐编辑为你独家呈现
助你更好获得书里和书外的思想和智慧，请扫码查收！

(阅读资料包的内容因书而异，最终以湛庐阅读App页面为准)

本书中文简体字版由 Transworld Publishers 授权在中华人民共和国境内独家出版发行。未经出版者书面许可，不得以任何方式抄袭、复制或节录本书中的任何部分。

著作权合同登记号：图字：01-2022-5988 号

图书在版编目（CIP）数据

战胜焦虑的极简训练法 / (英) 唐·麦克弗森 (Don MacPherson) 著；何十一译. --北京：中国纺织出版社有限公司，2022.11

书名原文：How to Master Your Monkey Mind

ISBN 978-7-5180-9914-6

Ⅰ. ①战⋯　Ⅱ. ①唐⋯ ②何⋯　Ⅲ. ①焦虑-心理调节-通俗读物　Ⅳ. ①B842.6-49

中国版本图书馆CIP数据核字（2022）第182087号

责任编辑：刘桐妍　　责任校对：高　涵　　责任印制：储志伟

中国纺织出版社有限公司出版发行

地址：北京市朝阳区百子湾东里 A407 号楼　邮政编码：100124

销售电话：010—67004422　传真：010—87155801

http://www.c-textilep.com

中国纺织出版社天猫旗舰店

官方微博 http://weibo.com/2119887771

石家庄继文印刷有限公司印刷　各地新华书店经销

2022年11月第1版第1次印刷

开本：880×1230　1/32　印张：7.875　插页：1

字数：131千字　定价：79.90元

凡购本书，如有缺页、倒页、脱页，由本社图书营销中心调换